消防设施操作员实操考评要点系列丛书

消防设施操作员
初、中级实操知识点

主 编 李永庆 吕艳茹 崔玉豪

U0170087

中国建材工业出版社

图书在版编目(CIP)数据

消防设施操作员初、中级实操知识点/李永庆,吕艳茹,崔玉豪主编. --北京:中国建材工业出版社,2022.7

ISBN 978-7-5160-3504-7

Ⅰ.①消… Ⅱ.①李… ②吕… ③崔… Ⅲ.①消防设备—资格考试—自学参考资料 Ⅳ.①TU988.13

中国版本图书馆 CIP 数据核字(2022)第 089446 号

消防设施操作员初、中级实操知识点

Xiaofang Sheshi Caozuoyuan Chu Zhongji Shicao Zhishidian

主　编　李永庆　吕艳茹　崔玉豪

出版发行:中国建材工业出版社

地　　址:北京市海淀区三里河路11号

邮　　编:100831

经　　销:全国各地新华书店

印　　刷:北京印刷集团有限责任公司

开　　本:880mm×1230mm　1/32

印　　张:12.25

字　　数:340千字

版　　次:2022年7月第1版

印　　次:2022年7月第1次

定　　价:36.00元

本社网址:www.jccbs.com,微信公众号:zgjcgycbs

请选用正版图书,采购、销售盗版图书属违法行为

版权专有,盗版必究。本社法律顾问:北京天驰君泰律师事务所,张杰律师

举报信箱:zhangjie@tiantailaw.com　举报电话:(010) 57811389

本书如有印装质量问题,由我社市场营销部负责调换,联系电话:(010) 57811387

编写说明

为适应消防设施操作员职业资格考试的要求，引导应试学习的方向，以及指导应试人员复习备考，根据《消防设施操作员国家职业技能标准》和"职业活动为导向、职业技能为核心"的指导思想，对消防设施操作员职业技能鉴定的内容予以解析，我们组织部分专业技术人员和有关企业的专家编写了《消防设施操作员实操考评要点系列丛书》，全书共分三册，包括《消防设施操作员初、中级实操知识点》《消防设施操作员高级实操知识点——监控操作方向》《消防设施操作员高级实操知识点——检测维修保养方向》。

本书按照《消防设施操作员国家职业技能标准》，以工作要求为主，共分三篇161个知识点。第一篇"初级消防设施监控方向"，主要介绍初级消防设施操作员实操考评要点，包括设施监控基本操作流程，报警信息处置流程，火灾自动报警系统、消火栓、控制柜、消防自救呼吸器等消防设施的操作；第二篇"中级消防设施监控方向"，主要介绍消防设施操作员消防设施监控方向中级实操考评要点，包括消防设施巡检，集中报警控制器的报警信息处置，火灾自动报警系统、自动喷水灭火系统的操作及保养，消防末端切换装置、电话分机、电话主机、电梯排水设施、防排烟组件、稳压设施的操作及保养；第三篇"中级消防设施维保检测方向"，主要介绍消防设施操作员消防设施维保检测方向中级实操考评要点，包括火灾自动报警系统、自动喷水灭火系统、消防电话、应急灯、防火卷帘门组件、消火栓箱等设备设施的维修，火灾自动报警系统、自动灭火系统及其他消防设施的检测。

本书编写分工如下：第一篇要点001至要点024由李镇岐编写；第一篇要点025至要点055由赵建刚编写；第一篇要点056至

要点 057，第二篇要点 001 至要点 026 由王欢编写；第二篇要点 027 至要点 042，及第三篇要点 001 至要点 013 由李瑛琦编写；第三篇要点 014 至要点 039 由王飞虎编写；第三篇要点 040 至要点 062 由刘爱英编写。

在本书编写过程中诸多专家进行了审阅，提出了宝贵的修改意见，在此表示由衷的感谢！

由于编者水平有限，且时间仓促，书中难免存在不足之处，希望读者批评指正。

编　者

2022 年 5 月

目　　录

第一篇　初级消防设施监控方向

第二篇　中级消防设施监控方向

第三篇　中级消防设施维保检测方向

第一篇

初级消防设施监控方向

要点 001　识别区域火灾报警控制器

职业功能	工作内容	技能要求	相关知识要求	分项考点	分值	总分
1 设施监控	1.1 设施巡检	1.1.1 ★ 能识别区域火灾报警控制器	1.1.1 区域火灾报警控制器的组成、功能和特征	1. 明确保护场所系统形式	0.5	2.5
				2. 识别火灾报警控制器	0.5	
				3. 区分火灾报警控制器设置房间或场所属性	0.5	
				4. 确认区域火灾报警控制器	0.5	
				5. 填写记录	0.5	

一、操作准备

1. 了解保护场所及其消防控制室或值班室设置情况。
2. 确认设备处于工作状态。
3. 准备《消防控制室值班记录表》和签字笔。

二、操作步骤

1. 明确保护场所系统形式

查看保护场所消防控制室和其他自动消防设施设备设置情况，确认保护场所火灾自动报警系统形式。

2. 识别火灾报警控制器

根据控制器外观和设备结构形式识别火灾报警控制器。

3

3. 区分火灾报警控制器设置房间或场所属性

根据火灾报警控制器设置场所位置、配置数量、保护区域范围以及火灾报警控制器有无手动控制消防设备的情况，区分火灾报警控制器设置场所属性。

4. 确认区域火灾报警控制器

（1）如果保护区域内仅需要报警，不需要联动自动消防设备，则确定火灾报警控制器为区域火灾报警控制器。

（2）如果火灾报警控制器与其他报警控制器连接，设置在消防控制室外的现场，且仅以自动控制方式进行分区控制，则确定为区域火灾报警控制器。

（3）如果火灾报警控制器与其他报警控制器连接，设置在消防控制室内，则通过查看火灾报警控制器有无直接手动控制消防设备情况，观察和测试控制器之间信息与指令方向性情况，或控制器之间连接故障报警的信息显示情况，综合判别区域火灾报警控制器。

5. 填写记录

在《消防控制室值班记录表》上规范填写区域火灾报警控制器的型号，记录测试情况。

三、注意事项

1. 详细阅读火灾报警控制器使用说明书，不得误操作。
2. 模拟测试不得造成控制设备及其连接线路损坏。
3. 现场操作人员应按规定穿戴必要的安全防护用品。

要点 002　判断火灾报警控制器的工作状态

职业功能	工作内容	技能要求	相关知识要求	分项考点	分值	总分
1 设施监控	1.1 设施巡检	1.1.2★能判断区域火灾报警控制器工作状态	1.1.2区域火灾报警控制器工作状态的判断方法	1. 确认火灾报警控制器处于开机工作状态	0.5	2.5
				2. 判断火灾报警控制器是否处于正常监视状态	0.5	
				3. 判断火灾报警控制器处于何种控制状态	0.5	
				4. 通过观察及时发现火灾报警控制器所处的报警状态	0.5	
				5. 报警信息处置并填写记录	0.5	

一、操作准备

1. 准备火灾报警控制器使用说明书和设计手册等技术资料。

2. 准备《消防控制室值班记录表》《建筑消防设施故障维修记录表》和签字笔。

二、操作步骤

1. 确认火灾报警控制器处于开机工作状态

确认火灾报警控制器已接通电源并且火灾报警控制器的备电开关、主电开关、联动电源和火灾显示盘供电电源均处于闭合通电状态,这时火灾报警控制器处于开机工作状态。

2. 判断火灾报警控制器是否处于正常监视状态

火灾报警控制器的主电工作指示灯(器)点亮,无火灾报警、监管报警、故障报警、屏蔽、自检等发生,显示器在非待机情况下显示"系统运行正常"等类似提示信息,这时可判定火灾报警控制器处于正常监视状态。

3. 判断火灾报警控制器处于何种控制状态

观察火灾报警控制器面板界面的基本按键与指示灯单元内手动控制状态指示灯(器)和自动控制状态指示灯(器)的点亮情况:手动控制状态指示灯(器)点亮,这时判定火灾报警控制器处于手动控制状态;当自动控制状态指示灯(器)点亮时,可判定火灾报警控制器处于自动控制状态。

4. 通过观察及时发现火灾报警控制器所处的报警状态

(1)火灾报警状态

观察火灾报警控制器面板界面,如果具有以下信息特征,则判断火灾报警控制器进入火灾报警状态:

① 专用火警总指示灯(器):点亮;

② 音响器件:发出与其他报警状态不同的报警声响,通常为消防车警报声;

③ 显示器:显示火灾报警时间、部位及注释信息。当有手动火灾报警按钮报警信号输入时,还应明确指示该报警是手动火灾报警按钮报警。

此外,采用字母(符)-数字显示的火灾报警控制器还应显示火警总数并持续显示首次火警信息。

（2）监管报警状态

观察火灾报警控制器面板界面，如果具有以下信息特征，则判断火灾报警控制器进入监管报警状态：

① 专用监管报警状态总指示灯（器）：点亮；

② 音响器件：发出与火灾报警状态不同的报警声响，通常为警车警报声；

③ 显示器：显示监管报警时间及部位等信息。

当多于一个监管信息时，还应按报警时间顺序显示所有监管信息。

（3）故障报警状态

观察火灾报警控制器面板界面，一般具有以下信息特征时，判断火灾报警控制器进入故障报警状态：

① 故障总指示灯（器）：点亮；

② 音响器件：发出与火灾报警状态不同的报警声响，通常为救护车警报声；

③ 显示器：显示故障类型或部位信息；

④ 电源故障类型指示灯：发生电源故障时对应的电源故障类型指示灯点亮。当多于一个故障信息时，还应按报警时间顺序显示所有故障信息。

此外，无论火灾报警控制器处于何种状态，如果火灾报警控制器面板界面上单独的系统故障指示灯点亮，则也应判断火灾报警控制器进入了故障报警状态，且其故障类型为系统故障。

（4）屏蔽状态

观察火灾报警控制器面板界面，如果具有以下信息特征，则判断火灾报警控制器进入屏蔽状态：

① 专用屏蔽总指示灯（器）：点亮；

② 显示器：显示屏蔽时间及部位等相关信息。

当多于一个屏蔽信息时，还应按时间顺序显示屏蔽部位。当不能同时显示所有屏蔽信息时，则应显示最新屏蔽信息。

（5）多种报警状态并存的辨识

火灾报警控制器面板界面的基本按键与指示灯单元内的专用火

警总指示灯（器）、专用监管报警状态总指示灯（器）、故障总指示灯（器）（或单独的系统故障指示灯）、专用屏蔽总指示灯（器）出现点亮且非唯一时，火灾报警控制器处于对应的多种报警状态并存。

当多种报警状态并存时，火灾报警控制器显示器优先显示的信息为高等级的报警状态信息。

5. 报警信息处置并填写记录

根据检查、判断和处置结果，规范填写《消防控制室值班记录表》；根据需要，规范填写《建筑消防设施故障维修记录表》。

三、注意事项

监控火灾报警控制器时，不能误操作火灾报警控制器的无关按键。

要点 003　判断火灾报警控制器电源的工作状态

职业功能	工作内容	技能要求	相关知识要求	分项考点	分值	总分
1 设施监控	1.1 设施巡检	1.1.3能判断区域火灾报警控制器主、备电源的工作状态	1.1.3区域火灾报警控制器主、备电源工作状态的判断方法	1. 电源正常工作状态判断	0.5	2
				2. 主电故障状态判断	0.5	
				3. 备电故障状态判断	0.5	
				4. 填写记录	0.5	

一、操作准备

1. 准备火灾报警控制器使用说明书和设计手册等技术资料。

2. 准备《消防控制室值班记录表》《建筑消防设施故障维修记录表》和签字笔。

二、操作步骤

通过查看火灾报警控制器故障总指示灯、电源状态指示灯和显示器显示的报警信息，可综合判定电源的工作状态。

1. 电源正常工作状态判断

查看电源状态指示灯，当主电工作指示灯点亮，备电工作指示灯熄灭（充电状态），主、备电故障指示灯熄灭时，则可判定火灾报警控制器电源工作状态正常。

2. 主电故障状态判断

查看电源状态指示灯，当备电工作指示灯点亮、主电故障指示灯点亮、火灾报警控制器故障总指示灯（器）点亮且发出故障报警声、显示器显示主电故障信息时，可判定火灾报警控制器处于主电故障状态。

3. 备电故障状态判断

查看电源状态指示灯，当主电工作指示灯点亮，主、备电故障指示灯点亮，火灾报警控制器故障总指示灯（器）点亮且发出故障报警声，显示器显示备电故障信息时，可判定火灾报警控制器处于备电故障状态。

4. 填写记录

根据检查结果，规范填写《消防控制室值班记录表》；如发现不能修复故障，还应规范填写《建筑消防设施故障维修记录表》。

三、注意事项

1. 不能误操作区域火灾报警控制器及现场设备。
2. 发现电源故障应及时记录并报修。

要点 004 完成火灾报警控制器自检

职业功能	工作内容	技能要求	相关知识要求	分项考点	分值	总分
1 设施监控	1.1 设施巡检	1.1.4 能完成区域火灾报警控制器自检	1.1.4 区域火灾报警控制器的自检方法	1. 确定自检内容	0.5	2.5
				2. 火灾报警控制器声光显示自检	0.5	
				3. 现场部件自检（可选内容）	0.5	
				4. 声和/或光警报器自检（可选内容）	0.5	
				5. 填写记录	0.5	

一、操作准备

1. 准备火灾探测报警系统图、火灾探测器等系统部件现场布置图和地址编码表、火灾报警控制器使用说明书和设计手册等技术资料。

2. 准备《消防控制室值班记录表》和签字笔。

二、操作步骤

1. 确定自检内容

根据火灾自动报警系统运行的不同时间段，包括开通调试、日常维护保养或维修后等，同时根据使用说明书，检查火灾报警控制器是否具有手动检查各部位或探测区火灾报警信号处理和显示的功能，确定火灾报警控制器自检功能的范围，是否包含现场部件的自检及声和/或光警报器的自检。

2. 火灾报警控制器声光显示自检

用钥匙打开操作面板门，按下"自检"按键。如果没有面板门，应在按下"自检"按键后输入密码进入自检界面，根据需要选择自检内容。

在声光显示自检的过程中，面板指示灯首先全部点亮，再依次点亮及熄灭；点亮总线手动控制单元和直接手动控制单元所有指示灯；彩色液晶类显示器件按照红、绿、蓝三色依次刷屏，单色液晶类显示器件则通过正反显示刷屏，数码管类显示器件点亮所有码段；音响器件依次发出火警、监管、故障等声音；如果有打印机，应打印正确自检信息。自检结束后返回自检界面，指示灯及音响器件恢复原始状态。在自检过程中，不能点亮或不能灭的指示灯为故障部件；液晶屏像素点不完整或数码管显示缺笔画、打印机打印不正确、火灾报警控制器无三种声音发出，均为故障状态。

3. 现场部件自检（可选内容）

如果火灾报警控制器具有对现场部件自检的功能，应对现场部件指示灯、显示功能及报警功能逐一检查。在检查过程中，火灾报警控制器上的专用自检总指示灯（器）应点亮。

对于现场部件的检查，如不便采用现场加烟等方法，应通过模拟发命令的方法检查现场部件的报警功能。

4. 声和/或光警报器自检（可选内容）

如需操作火灾报警控制器的声和/或光警报器的自检功能，自检前应制订计划，确定自检时间，通知警报器所在现场的人员，方可进行自检。自检过程中火灾报警控制器所配接的警报输出设备应全部动作，发出声光警报。

5. 填写记录

根据检查结果，规范填写《消防控制室值班记录表》；如在自检过程中发现故障，还应规范填写《建筑消防设施故障维修记录表》。

三、注意事项

1. 自检功能不能影响非自检部位、探测区和火灾报警控制器本身的火灾报警功能。

2. 处于自检状态的火灾报警控制器，所有对外控制输出接点均不应动作（检查声和/或光警报器警报功能时除外）。

要点 005　灭火器的有效性检查

职业功能	工作内容	技能要求	相关知识要求	分项考点	分值	总分
1 设施监控	1.1 设施巡检	1.1.5 能判断灭火器的有效性	1.1.5 灭火器分类和有效性检查方法	1. 检查灭火器位置	0.5	4
				2. 配置灭火器	0.5	
				3. 辨认灭火器	0.5	
				4. 口述零部件作用	0.5	
				5. 检查灭火器	0.5	
				6. 分析汇总	0.5	
				7. 给出建议	0.5	
				8. 填写记录	0.5	

一、操作准备

1. 准备各种类型的灭火器，如手提贮压式水基型灭火器、手提贮压式干粉灭火器、手提式洁净气体灭火器和手提式二氧化碳灭火器，推车贮压式水基型灭火器、推车贮压式干粉灭火器、推车式洁净气体灭火器和推车式二氧化碳灭火器。选择完好或存在几项缺陷的灭火器产品。

2. 将灭火器按配置场景进行布置。

3. 准备灭火器配置设计文件（或工程竣工图）。

4. 准备《建筑消防设施巡查记录表》［记录表可参考国家标准《建筑灭火器配置验收及检查规范》（GB 50444—2008）编制］和签字笔。

二、操作步骤

1. 检查灭火器位置

按灭火器配置设计文件（或工程竣工图）检查灭火器是否放置在原设计位置。

2. 配置灭火器

根据准备好的灭火器，按配置安装场景，从固定挂架、固定挂钩、落地托架和灭火器箱等安装配件中取出灭火器。

3. 辨认灭火器

由灭火器标志的名称和型号辨认区分出不同类型的灭火器。

4. 口述零部件作用

口述不同类型灭火器的外部可视零部件及其作用。

5. 检查灭火器

按外观检查和配置安装检查内容要求进行检查。

6. 分析汇总

对检查结论进行汇总分析，并做出判断。

7. 给出建议

对于"不符合有效性"的判断结果，应提出处理意见和建议。

8. 填写记录

在《建筑消防设施巡查记录表》上准确填写检查情况和检查结论。

三、注意事项

1. 不可损伤灭火器。
2. 不能误操作灭火器。

要点 006　过滤式消防自救呼吸器的检查

职业功能	工作内容	技能要求	相关知识要求	分项考点	分值	总分
1 设施监控	1.1 设施巡检	1.1.6 能判断消防自救呼吸器的有效性	1.1.6 消防自救呼吸器的检查方法	1. 检查摆放位置	0.5	2.5
				2. 检查呼吸器的清洁度	0.5	
				3. 检查呼吸器标识	0.5	
				4. 检查产品有效期是否过期	0.5	
				5. 填写记录	0.5	

一、操作准备

1. 实地确认过滤式消防自救呼吸器的存放位置，随机抽取1具备查。

2. 准备《建筑消防设施巡查记录表》和签字笔。

二、操作步骤

1. 检查摆放位置

检查呼吸器是否存放在方便取用、干燥通风的地方，且远离热源、易燃品和腐蚀品。

2. 检查呼吸器的清洁度

外包装盒是否开启、真空包装袋是否撕裂或损坏。

3. 检查呼吸器标识

使用说明书相关内容是否完整，是否印有"本产品仅供一次性逃生使用，不能用于工作保护"字样。

4. 检查产品有效期是否过期

过滤式自救呼吸器的产品有效期一般为 3 年。

5. 填写记录

在《建筑消防设施巡查记录表》上规范填写，记录情况。

三、注意事项

1. 检查过程中要轻拿轻放，不要破坏呼吸器的外包装。
2. 检查过程中要认真做好记录，备查。

要点 007 化学氧消防自救呼吸器的检查

职业功能	工作内容	技能要求	相关知识要求	分项考点	分值	总分
1 设施监控	1.1 设施巡检	1.1.6 能判断消防自救呼吸器的有效性	1.1.6 消防自救呼吸器的检查方法	1. 检查呼吸器存放位置	0.5	2.5
				2. 检查呼吸器标识及说明	0.5	
				3. 检查有无破损	0.5	
				4. 检查有效期	0.5	
				5. 填写记录	0.5	

一、操作准备

1. 实地确认化学氧消防自救呼吸器的存放位置，随机抽取1具备查。

2. 准备《建筑消防设施巡查记录表》和签字笔。

二、操作步骤

1. 检查呼吸器存放位置

检查呼吸器是否存放在方便取用、干燥通风的地方，且远离热源、易燃品和腐蚀品。

2. 检查呼吸器标识及说明

检查呼吸器标识、使用说明书相关内容是否完整，是否印有"本产品仅供一次性逃生使用，不能用于工作保护"字样。

3. 检查有无破损

在携带自救器前，应检查包装盒是否开启，外观有无损坏和碰撞凹痕。

4. 检查有效期

检查呼吸器有效期是否已过。化学氧消防自救呼吸器的产品有效期一般为 4 年。

5. 填写记录

在《建筑消防设施巡查记录表》上规范填写，记录情况。

三、注意事项

1. 检查过程中要轻拿轻放，不要破坏呼吸器的外包装。
2. 检查过程中要认真做好记录，备查。

要点 008 消防水池、高位消防水箱水位判定

职业功能	工作内容	技能要求	相关知识要求	分项考点	分值	总分
1 设施监控	1.1 设施巡检	1.1.7能通过水位仪等判定消防水池、消防水箱的水位	1.1.7消防水池、消防水箱水位的判断方法	1. 观察外观	0.5	4
				2. 测量容积	0.5	
				3. 检查液位计	0.5	
				4. 打开液位计阀门	0.5	
				5. 观察水位	0.5	
				6. 记录水位	0.5	
				7. 关闭液位计阀门	0.5	
				8. 填写记录	0.5	

一、操作准备

1. 确认消防水池、高位消防水箱的设置位置。
2. 准备消防水池、高位消防水箱的设计样。
3. 准备卷尺等计量工具。
4. 准备《建筑消防设施巡查记录表》和签字笔。

二、操作步骤

1. 观察外观

观察消防水池、高位消防水箱的外观及其配件是否完整。

2. 测量容积

用卷尺测量消防水池、高位消防水箱的长、宽、高。

3. 检查液位计

在消防水池、高位消防水箱外表面找到玻璃管液位计，确认其外观完整，不影响观察。

4. 打开液位计阀门

打开玻璃管液位计上、下阀门，使得玻璃管中的水与水池（水箱）中的水连通。

5. 观察水位

玻璃管液位计上标尺显示的刻度即为消防水池、高位消防水箱的水位高度。

6. 记录水位

记录水位高度，如果不符合要求，及时上报并查找原因。

7. 关闭液位计阀门

观察完毕，关闭玻璃管液位计上、下两端的阀门。

8. 填写记录

在《建筑消防设施巡查记录表》上规范填写，记录情况。

三、注意事项

1. 注意人身安全，谨防发生事故。
2. 注意冬季时消防水池及屋顶消防水箱所在房间的温度。
3. 应定期检查液位计，并清洗玻璃管内外壁污垢，确保水位显示清晰。
4. 注意观察溢流水管，如发生溢流现象，则表明进水浮球阀或液压阀损坏，应及时记录并上报。

要点 009　通过防火门监控器判断
防火门的工作状态

职业功能	工作内容	技能要求	相关知识要求	分项考点	分值	总分
1 设施监控	1.1 设施巡检	1.1.8 能判断防火卷帘、防火门的工作状态	1.1.8 防火卷帘和防火门工作状态的判断方法	1. 查看控制器、防火门状态	0.5	3.5
				2. 在控制器上关闭常开防火门	0.5	
				3. 在闭门器上关闭常开防火门	0.5	
				4. 测试常闭防火门反馈信号	0.5	
				5. 查看防火门监控器故障状态	0.5	
				6. 防火门联动测试	0.5	
				7. 填写记录	0.5	

一、操作准备

1. 接通电源，确保防火门监控器、火灾报警控制器处于正常监控状态。

2. 准备《消防控制室值班记录表》《建筑消防设施故障维修记录表》和签字笔。

二、操作步骤

1. 查看控制器、防火门状态

查看防火门监控器的状态显示，确认常开、常闭防火门及常闭的疏散门均处于正常状态。

2. 在控制器上关闭常开防火门

在防火门监控器手动控制盘上找到常开防火门关闭的按钮，控制防火门关闭。查看防火门关闭动作信号反馈显示。

3. 在闭门器上关闭常开防火门

操作防火门电动闭门器上的手动控制按钮，控制防火门关闭。查看防火门监控器信号反馈显示。

4. 测试常闭防火门反馈信号

在常闭防火门所在部位，从门的任意一侧手动开启，应能自动关闭。当装有信号反馈装置时，开、关状态信号应反馈到消防控制室。

5. 查看防火门监控器故障状态

监控器提示的故障信息可分为三类：第一类是监控器内部部件产生的故障，如交流电源故障、备用电源故障、手动盘故障、系统故障等；第二类是现场总线产生的故障，如总线故障、模块故障等；第三类是模块与控制装置之间的线路故障，如模块的输入故障、输出故障等。

（1）故障报警状态屏幕显示

① 故障信号产生时，主面板的故障指示灯亮，同时声、光报警启动，提示的是备用电源故障。

② 监控器的显示屏幕划分为两个部分，上部两行用来显示被监控的防火门状态，下部四行用来显示火警、启动、反馈、未反馈、故障、延时等事件信息。防火门监控器显示故障信息。

（2）防火门故障状态：主面板的门故障指示灯点亮。

① 当常开防火门处于关闭状态时，属于防火门故障状态。门关闭指示灯点亮，如果系统中仅此一个常开防火门时，门开启指示灯熄灭。手动控制盘第1组的开启指示灯熄灭，故障指示灯点亮。

② 当常闭防火门处于打开状态时，属于防火门故障状态。门开启指示灯点亮、门关闭指示灯熄灭。相对应的手动控制盘开启指示灯点亮，故障指示灯点亮。

6. 防火门联动测试

当防火门监控器、火灾报警控制器处于自动状态时，触发常开防火门所在区域的火灾探测器，监控器能够接收来自火灾报警控制器的火警信息，并根据预先设定的逻辑关系自动向控制模块发出启动命令，主面板的启动指示灯点亮，屏幕显示启动信息。防火门应自动关闭，并应将关闭信号反馈至消防控制室，查看防火门监控器上信号反馈显示是否正常。

7. 填写记录

根据检查、判断和处置结果，规范填写《消防控制室值班记录表》；根据需要，规范填写《建筑消防设施故障维修记录表》。

三、注意事项

1. 操作时要注意观察监控设备的报警及显示是否正确。
2. 防止误操作。
3. 操作完毕应将系统恢复至正常工作状态。

要点 010　通过火灾报警控制器判断防火卷帘的工作状态

职业功能	工作内容	技能要求	相关知识要求	分项考点	分值	总分
1 设施监控	1.1 设施巡检	1.1.8 能判断防火卷帘、防火门的工作状态	1.1.8 防火卷帘和防火门工作状态的判断方法	1. 确认防火卷帘的状态	0.5	2
				2. 操作卷帘门控制按钮	0.5	
				3. 查看防火卷帘动作反馈信号	0.5	
				4. 填写记录	0.5	

一、操作准备

1. 接通电源，确保火灾报警控制器处于正常工作状态。

2. 准备《消防控制室值班记录表》《建筑消防设施故障维修记录表》和签字笔。

二、操作步骤

1. 确认防火卷帘的状态

查看火灾报警控制器的状态显示，确认现场防火卷帘处于正常状态。

2. 操作卷帘门控制按钮

找到火灾报警控制器上防火卷帘的控制按钮，手动控制防火卷帘下降。

3. 查看防火卷帘动作反馈信号

4. 填写记录

根据检查、判断和处置结果，规范填写《消防控制室值班记录表》；根据需要，规范填写《建筑消防设施故障维修记录表》。

三、注意事项

1. 操作时要注意观察监控设备的报警及显示是否正确。
2. 防止误操作。
3. 操作完毕应将系统恢复至正常工作状态。

要点 011　通过防火卷帘控制器判断防火卷帘的工作状态

职业功能	工作内容	技能要求	相关知识要求	分项考点	分值	总分
1 设施监控	1.1 设施巡检	1.1.8 能判断防火卷帘、防火门的工作状态	1.1.8 防火卷帘和防火门工作状态的判断方法	1. 查看卷帘门工作状态	0.5	2
				2. 操作手动按钮	0.5	
				3. 查看防火卷帘关闭动作反馈信号	0.5	
				4. 填写记录	0.5	

一、操作准备

1. 接通电源，确保防火卷帘控制器处于正常工作状态。

2. 准备《消防控制室值班记录表》《建筑消防设施故障维修记录表》和签字笔。

二、操作步骤

1. 查看卷帘门工作状态

查看防火卷帘控制器的状态显示，确认现场防火卷帘均处于正常状态，电源指示灯亮。

2. 操作手动按钮

找到防火卷帘两侧的手动按钮，手动操作防火卷帘的下降、停止、上升，查看防火卷帘控制器显示是否正常。

3. 查看防火卷帘关闭动作反馈信号

4. 填写记录

查看防火卷帘控制器故障状态显示，规范填写《消防控制值班记录表》。如有故障，应填写《建筑消防设施故障维修记录表》。

三、注意事项

1. 在操作过程中，操作人员不得擅自离开操作地点，应密切注意防火卷帘启闭情况和操作指令的执行情况。

2. 在防火卷帘启闭时，其下方不准有人站立或走动，以防止行程开关失灵、卷帘卡死、电动机受阻和其他事故的发生。

要点 012　消防供水管道阀门检查，消防水泵吸水管、出水管阀门工作状态的判断

职业功能	工作内容	技能要求	相关知识要求	分项考点	分值	总分
1 设施监控	1.1 设施巡检	1.1.9 能判断消防水泵吸水管、出水管和消防供水管道上阀门的工作状态	1.1.9 消防水泵吸水管、出水管和消防供水管道上阀门工作状态的判断方法	1. 检查组件	0.5	4
				2. 检查阀门状态	0.5	
				3. 核对说明书标志	0.5	
				4. 明杆闸阀控制状态检查	0.5	
				5. 暗杆闸阀控制状态检查	0.5	
				6. 自锁装置阀控制状态检查	0.5	
				7. 检查止回阀、管路状态	0.5	
				8. 填写记录	0.5	

一、操作准备

1. 在消防泵房内确认消防水泵（消火栓泵或自动喷淋泵）的位置。

2. 熟悉消防系统设计图样。

3. 准备消防供水管道上各类阀门产品使用说明书。

4. 准备扳手、旋具等工具。

5. 准备《建筑消防设施巡查记录表》和签字笔。

二、操作步骤

1. 检查组件

按从吸水管前端到消防水泵进口端的顺序检查消防水泵吸水管上安装的控制阀门、过滤器、橡胶软接头、偏心异径管；按从水泵出口至出水管方向顺序检查消防水泵出水管上安装的同心异径管、橡胶软接头、止回阀、控制阀门。

2. 检查阀门状态

确定消防水泵进、出水管上安装控制阀的类型。进水管上的控制阀门可设置明杆闸阀、暗杆闸阀及带自锁装置的蝶阀三种，出水管上设置的控制阀门为明杆闸阀。

3. 核对说明书标志

按照产品说明书观察各类阀门标志上的型号、规格及公称压力。

4. 明杆闸阀控制状态检查

当控制阀门为明杆闸阀时，观察阀的手轮轮缘上指示开启、关闭双向箭头和"开""关"字。若手轮按照开启箭头方向及"开"字旋转，表示阀门开启；或者闸阀阀杆伸出手轮，也表示阀门开启，处于工作状态；否则为关断。

5. 暗杆闸阀控制状态检查

当控制阀门为暗杆闸阀时，观察阀门启闭标志，阀体上标有"开""关"字样，手轮轮缘上有指示阀门开启、关闭方向的箭头，箭头所指为"开"字，表示阀门开启，处于工作状态；否则为关断。

6. 自锁装置阀控制状态检查

当阀门为带自锁装置的蝶阀时，观察蝶阀手轮上永久性指示开关方向的箭头和"开""关"标志，手轮处于箭头指示开启方向且处于"开"字，表示阀门开启，处于工作状态；否则为关断。

7. 检查止回阀、管路状态

检查止回是否采用消声止回阀，按照水流方向立式安装。打开消防水泵出水管上试水阀，消防水泵正常启动，若能顺利出水，表示消防水泵吸水管、出水管管路通顺，各阀门均处于工作状态。

8. 填写记录

在《建筑消防设施巡查记录表》上规范填写，记录情况。

三、注意事项

1. 观察控制阀门外观、标志，应完好无损，手动开启灵活，无卡阻。

2. 检查阀门是否漏水，如有漏水应及时上报。

3. 检查控制门铅封或锁链的完好性。

要点 013　区分火灾报警控制器的火警信号、监管信号、故障信号和屏蔽信号

职业功能	工作内容	技能要求	相关知识要求	分项考点	分值	总分
1 设施监控	1.2 报警信息处置	1.2.1 ★ 能区分区域火灾报警控制器的火警、监管、隔离和故障报警信号	1.2.1 区域火灾报警控制器的报警功能和判断方法	1. 确认火灾报警控制器处于开机工作状态	0.5	2.5
				2. 辨识火灾报警控制器处于正常监视状态还是报警状态	0.5	
				3. 根据报警声光信号及时判断报警信号类别	0.5	
				4. 报警信息及时核实与处置	0.5	
				5. 填写记录	0.5	

一、操作准备

1. 准备火灾探测报警系统图、火灾探测器等系统部件现场布置图和地址编码表、火灾报警控制器使用说明书和设计手册等技术资料。

2. 准备《消防控制室值班记录表》和签字笔。

二、操作步骤

1. 确认火灾报警控制器处于开机工作状态

观察火灾报警控制器面板操作界面，检查确认当前火灾报警控制器处于开机工作状态。

2. 辨识火灾报警控制器处于正常监视状态还是报警状态

观察火灾报警控制器面板界面的基本按键与指示灯单元内专用火警总指示灯（器）、专用监管报警状态总指示灯（器）、故障总指示灯（器）、单独的系统故障指示灯、专用屏蔽总指示灯（器）是否存在任一点亮情况，判断火灾报警控制器是处于报警状态还是正常监视状态。

3. 根据报警声光信号及时判断报警信号类别

（1）火灾报警信号：火灾报警信号发出的报警声与其他报警信号发出的报警声有明显区别，通常是消防车警报声。在听到火警声后，及时按下火灾报警控制器面板操作界面上的"消音"键，同时结合当前火灾报警控制器火警总指示灯（器）的状态和显示屏的显示信息，做出报警信号类别的正确判断。

（2）监管报警信号（仅适用于具有此项功能的火灾报警控制器）：监管报警信号发出的报警声区别于火灾报警声，通常是警车警报声。在听到监管报警声后，及时按下火灾报警控制器面板操作界面上的"消音"键，同时结合当前火灾报警控制器监管报警状态总指示灯（器）的状态和显示屏的显示信息，做出报警信号类别的正确判断。

（3）故障报警信号：故障报警信号发出的报警声区别于火灾报警声，通常是救护车警报声。在听到故障报警声后，及时按下火灾报警控制器面板操作界面上的"消音"键，同时结合当前火灾报警控制器故障总指示灯（器）的状态和显示屏的显示信息，做出报警信号类别的正确判断。

4. 报警信息及时核实与处置

若火灾报警控制器已经处于火灾报警或监管报警状态，立即查看、核实并处置报警信息；若火灾报警控制器已经处于故障报警或者屏蔽状态，立即查看具体设备信息并核对《消防控制室值班记录表》上的信息记录。

5. 填写记录

根据判断结果，规范填写《消防控制室值班记录表》；如发现火灾报警控制器本机以及与其连接的部件存在故障，还应规范填写《建筑消防设施故障维修记录表》。

三、注意事项

不能误操作火灾报警控制器及其他现场设备。

要点 014　查询火灾报警控制器当前报警信息并确定报警部位

职业功能	工作内容	技能要求	相关知识要求	分项考点	分值	总分
1 设施监控	1.2 报警信息处置	1.2.2 ★ 能查看区域火灾报警控制器报警信息，确定报警部位	1.2.2 区域火灾报警控制器的信息查询方法	1. 识别当前火灾报警控制器的报警状态	0.5	2
				2. 直接查看当前高等级状态的报警信息显示内容	0.5	
				3. 对报警信息立即予以确认或处置	0.5	
				4. 填写记录	0.5	

一、操作准备

1. 确认火灾报警控制器处于正常工作状态。

2. 查阅该规格型号的火灾报警控制器使用说明书，熟悉其报警信息查询的操作。

3. 准备《消防控制室值班记录表》《建筑消防设施故障维修记录表》和签字笔。

二、操作步骤

1. 识别当前火灾报警控制器的报警状态

根据火灾报警控制器面板操作界面上基本按键与指示灯单元中

各报警类型专用总指示灯（器）的点亮情况、报警声信号形式，判断火灾报警控制器所处状态，然后进行消音操作（火灾报警控制器进入屏蔽状态时无声信号发出。

2. 直接查看当前高等级状态的报警信息显示内容

查看火灾报警控制器液晶显示器显示的内容，确定当前高等级状态报警信息的报警时间、报警点位类型，特别关注设备注释内容，进而确定报警位置；如无设备注释信息内容，应立即查看系统设备编码与保护场所（房间）对照表资料，准确确定报警位置。

（1）火警信息：对火灾报警信息应特别关注最先火灾报警部位，后续火灾报警部位则按报警时间顺序连续显示。当显示区域不足以显示全部火灾报警部位时，则按顺序循环显示。显示信息包括火警发生的时间、发出火警信号的设备类型和火警的位置等。

（2）监管报警信息：指出监管报警发生的时间、监管设备的类型和设备的位置等信息内容。

（3）故障报警信息：指出故障发生的时间、故障的设备类型和故障的位置等信息内容。

（4）屏蔽状态信息：指出屏蔽操作的时间、屏蔽设备的类型和设备的位置等信息内容。

火灾报警控制器不能全部显示当前高等级状态的报警信息时，可通过键盘区相关按键的手动操作查询未显示的报警信息。

3. 对报警信息立即予以确认或处置

当前高等级状态显示为火警时，应以最快方式确认，核实后立即进入消防应急程序。当前高等级状态显示为其他报警信息时，也应及时进行处置；同时存在或连续发生其他低等级状态报警信息时，可按照使用说明书的规定方法，对数据存储单元记录的相关报警信息进行查询操作。

4. 填写记录

根据检查、判断和处置结果，规范填写《消防控制室值班记录表》；根据需要，规范填写《建筑消防设施故障维修记录表》。

三、注意事项

1. 不能误操作火灾报警控制器及现场设备。

2. 操作对象可以是火灾报警控制器，也可以是作为区域机使用的通用型火灾报警控制器。

要点 015 查询火灾报警控制器的历史记录

职业功能	工作内容	技能要求	相关知识要求	分项考点	分值	总分
1 设施监控	1.2 报警信息处置	1.2.2 ★ 能查看区域火灾报警控制器报警信息，确定报警部位	1.2.2 区域火灾报警控制器的信息查询方法	1. 进入系统检查界面	0.5	1.5
				2. 进入查询历史记录界面	0.5	
				3. 返回查询前界面并填写记录	0.5	

一、操作准备

1. 确认火灾报警控制器处于正常工作状态。

2. 查阅该规格型号的火灾报警控制器使用说明书，熟悉其历史记录查询的操作方法。

3. 准备《消防控制室值班记录表》和签字笔。

二、操作步骤

1. 进入系统检查界面

按下键盘区"查询"键，显示器显示进入"系统检查"界面。

2. 进入查询历史记录界面

通过键盘区方向键和确认键选择"系统检查"界面内容中"记录信息查询"选项，进入"记录检查"界面；或者直接按火灾报警控制器键盘区的"2"键进入"记录检查"界面。结合键盘区的方向键和确认键，或者直接操作键盘区"1""2"或"3"按键，即可进入记录查询界面。

（1）进入"1. 运行记录查询"，可检查所有相关运行记录信息。运行记录包括相关报警信息和运行状态信息、发出的命令和进行的设置。

（2）进入"2. 火警记录查询"，可专门检查火警记录信息。

（3）进入"3. 操作记录查询"，可专门检查操作记录信息。操作记录包括用户登录信息以及用户进行的所有手动操作记录。每条历史记录信息内容包括信息类型、发生时间、控制器/部位、设备编码设备类型和详细信息。

3. 返回查询前界面并填写记录

根据查询结果，规范填写《消防控制室值班记录表》。

三、注意事项

1. 不能误操作火灾报警控制器及现场设备。

2. 操作对象可以是火灾报警控制器，也可以是作为区域机使用的通用型火灾报警控制器。

要点 016　报警信息核实

职业功能	工作内容	技能要求	相关知识要求	分项考点	分值	总分
1 设施监控	1.2 报警信息处置	1.2.3 能核实报警信息	1.2.3 报警信息的核实方法	1. 确定要核实的报警信息类型和核实对象具体情况	1	3.5
				3. 火灾报警信息现场核实	1	
				4. 监管报警信息现场核实	0.5	
				5. 故障报警信息现场核实	0.5	
				6. 填写记录	0.5	

一、操作准备

1. 准备现场报警信息核实所需通信工具、防护装备、便携式照明设备等工具。

2. 准备火灾探测报警系统图、火灾探测器等系统部件现场布置图和地址编码表，以及火灾报警控制器、火灾探测器等火灾触发器件的使用说明书和设计手册等技术资料。

3. 准备《消防控制室值班记录表》《建筑消防设施故障维修记录表》和签字笔。

40

二、操作步骤

在查询报警信息后，应立即核实报警信息。

1. 确定要核实的报警信息类型和核实对象具体情况

准备核实报警信息时，先要通过查看报警信息确定报警信息的种类，是火灾报警信息、监管报警信息，还是故障报警信息。确定报警触发器件的类型、编号等信息，如系统中什么组件（或部位）发出了该报警信息、组件（或部位）在哪一个火灾报警控制器的哪一个回路中、组件（或部位）的位置信息是什么、所处建筑位置在哪里等。

2. 火灾报警信息现场核实

（1）通过火灾报警控制器显示器显示的火警位置信息确定火警触发器件所处建筑中的位置。

（2）通过视频监控系统现场视频信息，或通知距该区域最近的值守人员，或安排一名值班人员携带对讲机（或消防手提电话）前往现场，核实是否有火灾发生。

（3）若确认有火灾发生，应立即拨打"119"火警电话报警，通知单位负责人，启动应急预案，开展初期火灾处置；若仔细检查现场没有火灾情况，可初步认为是误报火警，则按误报火灾进行处置。

3. 监管报警信息现场核实

（1）根据火灾探测报警系统图、火灾探测器等系统部件现场布置图和地址编码表等资料确定监管报警触发器件所处建筑中的位置。

（2）通知该区域附近的值守人员或安排一名值班人员携带工具前往现场核实监管信息。

（3）若确认是由火灾引起的设备联动情况，应立即在现场仔细查找火源并确认火灾情况，立刻进行火灾上报和处置。若仔细检查现场没有火灾情况和其他征兆，可初步认为是设备误动作或设备故障，应进行误报处置。

4. 故障报警信息现场核实

（1）如果是系统组件（设备）故障，可先根据火灾探测报警系统图、火灾探测器等系统部件现场布置图和地址编码表等资料确定故障报警触发器件所处建筑中的位置。

（2）由值班人员携带工具到现场找到故障组件（设备），查看故障组件（设备）的工作状态和故障情况，核实故障信息，进行故障处置。若值班人员无法核实故障信息则安排专业设备检测维修人员到现场进行故障信息的核实和处置。

（3）如果火灾报警控制器面板操作界面上的系统故障指示灯点亮，说明该故障为系统故障，则安排专业设备检测维修人员到现场进行故障信息核实和处置，进行故障修复工作。

5. 填写记录

根据核实结果，规范填写《消防控制室值班记录表》；如发现火灾报警控制器本机及火灾探测器等火灾触发器件存在故障，还应规范填写《建筑消防设施故障维修记录表》。

三、注意事项

1. 不能误操作火灾报警控制器及现场设备。

2. 现场核实火警、监管设备动作和设备故障时，应做好防护工作，注意安全。

要点 017　处理误报火警信息、监管报警信息、故障报警信息

职业功能	工作内容	技能要求	相关知识要求	分项考点	分值	总分
1 设施监控	1.2 报警信息处置	1.2.4 能处理火警误报、故障报警、监管报警信息	1.2.4 火警误报、故障报警、监管报警的处理方法	1. 处理误报火警信息	1	3.5
				2. 处理监管报警信息	1	
				3. 处理故障报警信息	1	
				4. 填写记录	0.5	

一、操作准备

1. 准备火灾探测报警系统图、火灾探测器等系统部件现场布置图和地址编码表，以及火灾报警控制器使用说明书和设计手册等技术资料。

2. 准备《消防控制室值班记录表》《建筑消防设施故障维修记录表》和签字笔。

二、操作步骤

1. 处理误报火警信息

（1）如果现场有声光报警启动，首先应按下火灾报警控制器上的"消音"键，停止现场声光警报器，通知现场人员及相关人员取消火警状态。

（2）查找常见误报火警类型、误报原因并现场简单维修处理信息。

（3）按火灾报警控制器上的"复位"键，使系统恢复正常状态。如现场部件仍然误报火警，应立即上报，通知工程施工单位或维保单位尽快处理。

2. 处理监管报警信息

（1）按下火灾报警控制器上的"消音"键，停止监管报警声。

（2）根据火灾报警控制器显示器上显示的监管报警信息，确定发生监管报警的部件地址及位置信息，然后到现场查看，确认是否有监管报警发生。

（3）若确认有监管报警发生，根据监管的外部设备类型采取相应措施并立即上报。

（4）若为误报监管信息，检查是否由于监管模块误动作，或者由于人为或其他因素造成误报警。按火灾报警控制器上的"复位"键，使系统恢复正常状态，如果仍然发生误报，应通知维保人员或厂家维修。

3. 处理故障报警信息

（1）按下火灾报警控制器上的"消音"键，停止故障报警声。

（2）根据火灾报警控制器显示器上显示的故障报警信息，确定故障的类型、地址及位置信息。

（3）检查发生故障的部位，现场简单维修处理。

（4）在火灾报警控制器上观察故障是否自动恢复，对于不能自动恢复的故障，按下火灾报警控制器上的"复位"键，使系统恢复正常工作状态。如现场部件仍然报出故障，应在火灾报警控制器上屏蔽现场部件并上报，通知工程施工单位或维保单位维修。故障排除后再利用火灾报警控制器解除屏蔽功能，将设备恢复。

4. 填写记录

根据操作结果，规范填写《消防控制室值班记录表》及《建筑消防设施故障维修记录表》。

三、注意事项

现场维修或处置时不应影响其他现场部件的火灾报警功能。

要点 018　火警信息报告

职业功能	工作内容	技能要求	相关知识要求	分项考点	分值	总分
1 设施监控	1.2 报警信息处置	1.2.5 能通过拨打火警电话等方式报告火警信息	1.2.5 火警电话的拨打方法和内容	1. 未设置消防控制室的建筑	1	3
				2. 设置消防控制室的建筑	1	
				3. 填写记录	1	

一、操作准备

准备《消防控制室值班记录表》和签字笔。

二、操作步骤

1. 未设置消防控制室的建筑

（1）在确认火灾发生后，立即使用身边的固定电话或移动电话拨打"119"火警电话。

（2）拨通电话后，确认对方是否为"119"火警受理平台。

（3）确认拨打无误后，准确地报告发生火灾的建筑物所在位置，说明起火的原因、火灾的范围、火势的大小、燃烧的物质、是否有受困人员以及火灾发生地点附近的存放物等信息，同时简要准确地回答接警人员的提问，留下自己的姓名、所在单位和联系方式等信息，并在《消防控制室值班记录表》上准确填写相关报警信息。

（4）挂断电话后，通知其他消防值班人员或工作人员向附近的微型消防站报警并做好迎接消防车的各项准备工作。

（5）联系个人所在单位的消防安全负责人和消防安全管理人，报告建筑物发生火灾位置等火警信息，并立即启动单位内部灭火和应急疏散预案。

（6）通过广播、警报、呼喊等方式迅速告知相关区域人员已发生火灾及火灾位置，同时通知相关工作人员有效组织人员疏散逃生。

2. 设置消防控制室的建筑

（1）火灾报警控制器发出并显示火警信号后，其专用火警状态指示灯（器）点亮。消防值班人员首先按下火灾报警控制器"消音"键消音，再根据报警信号确定火灾发生的具体位置。

（2）通知另外一名消防值班人员或安保人员到报警点现场进行火灾确认，在确认火灾后，可直接用手机拨打"119"火警电话报警；如未携带手机，应立即使用对讲机或附近的消防电话向消防控制室反馈火灾情况。

（3）消防控制室内值班人员接到现场火灾确认信息后，立即将火灾联动控制器开关转入自动状态，并拨打"119"火警电话报警。

（4）确认拨通"119"火警电话后，准确地报告发生火灾的建筑物所在位置，说明起火的原因、火灾的范围、火势的大小、燃烧的物质、是否有受困人员以及火灾发生地点附近的存放物等信息，同时简要、准确地回答接警人员的提问，留下自己的姓名、所在单位和联系方式，并在《消防控制室值班记录表》上准确填写相关报警信息。

（5）挂断电话后，通知其他消防值班人员或工作人员向附近的微型消防站报警并做好迎接消防车的准备。

（6）联系个人所在单位的消防安全负责人和消防安全管理人，报告建筑物发生火灾位置等火警信息并立即启动单位灭火和应急疏散预案。

（7）通过广播、警报、汽笛等方式迅速告知相关区域人员已发生火灾及火灾位置，同时通知相关工作人员有效组织疏散逃生。

3. 填写记录

在《消防控制室值班记录表》上规范填写，记录情况。

三、注意事项

1. 确认火灾发生后首先要向"119"火警调度指挥平台报告。
2. 报告火警信息时要保持冷静，语言表达清楚。
3. 要认真做好报警信息记录以备查。

要点 019　区域火灾报警控制器
开关机操作

职业功能	工作内容	技能要求	相关知识要求	分项考点	分值	总分
2 设施操作	2.1 火灾自动报警系统操作	2.1.1 ★ 能切换区域火灾报警控制器工作状态	2.1.1 区域火灾报警控制器工作状态切换方法	1. 打开区域火灾报警控制器机箱前面板	0.4	2
				2. 打开电源	0.4	
				3. 观察开机界面和电源工作状态指示	0.4	
				4. 关机	0.3	
				5. 合上机箱、合上机箱前面板并用钥匙闭锁	0.3	
				6. 填写记录	0.2	

一、操作准备

1. 检查并确认区型火灾报警控制器外观正常。

2. 检查并确认 220V 电源线接通并可正常供电。

3. 准备《消防控制室值班记录表》和签字笔。

二、操作步骤

1. 打开区域火灾报警控制器机箱前面板

通过钥匙开启区域火灾报警控制器机箱前面板，在机箱内部找到主电电源和主电开关、备用电源和备电开关。

2. 打开电源

按开机顺序开启主电开关和备电开关，先开启主电开关，然后开启备电开关。

3. 观察开机界面和电源工作状态指示

合上机箱前面板，面板上的显示器进入开机界面，主电工作状态指示灯常亮，备电工作状态指示灯熄灭。如无报警信息和屏蔽信息，则区域火灾报警控制器进入正常监视状态，用钥匙闭锁机箱前面板。

4. 关机

用钥匙开启区域火灾报警控制器前面板并打开，先断开备电开关，然后断开主电开关，这时面板上的显示器及所有指示灯应全部熄灭。

5. 合上机箱、合上机箱前面板并用钥匙闭锁

再次开机按步骤 1、2、3 进行。

6. 填写记录

在《消防控制室值班记录表》上准确记录操作的时间和内容。

三、注意事项

1. 区域火灾报警控制器一旦关机，将在一段时间内影响全部区域或部分区域的火灾报警和火灾报警控制功能。因此，在区域火灾报警控制器因维修而关机期间必须采取有效应急管理措施，确保维修期间消防安全，并按照当地要求报送消防监督机构备案。

2. 操作主电开关、备电开关时，切勿触碰 220V 供电线路接线端子。

要点 020　区域火灾报警控制器电源工作状态切换操作

职业功能	工作内容	技能要求	相关知识要求	分项考点	分值	总分
2 设施操作	2.1 火灾自动报警系统操作	2.1.1 ★ 能切换区域火灾报警控制器工作状态	2.1.1 区域火灾报警控制器工作状态切换方法	1. 确认主机电源工作状态	0.5	2
				2. 主电工作状态转换为备电工作状态	0.5	
				3. 备电工作状态转换为主电工作状态	0.5	
				4. 填写记录	0.5	

一、操作准备

1. 检查并确认区域火灾报警控制器处于正常监视状态。

2. 准备《消防控制室值班记录表》《建筑消防设施故障维修记录表》和签字笔。

二、操作步骤

1. 确认主机电源工作状态

区域火灾报警控制器电源处于正常工作状态时由主电供电，备电无故障。此时，主电工作状态指示灯常亮，备电工作状态指示灯和备电故障指示灯熄灭。

2. 主电工作状态转换为备电工作状态

用钥匙打开机箱前面板，断开主电开关。此时，主电工作状态指示灯熄灭，备电工作状态指示灯常亮，显示器显示"主电故障"事件，区域火灾报警控制器音响器件发出故障声信号。

3. 备电工作状态转换为主电工作状态

在备电工作状态下，开启主电开关，即由备电切换为主电工作状态。备电工作状态转换为主电工作状态后，显示器所显示的"主电故障"事件消失，备电工作状态指示灯熄灭，主电工作状态指示灯点亮。

4. 填写记录

在《消防控制室值班记录表》上准确记录操作的时间和内容；如发现异常，还应规范填写《建筑消防设施故障维修记录表》。

三、注意事项

1. 操作主电开关和备电开关时，切勿触碰 220V 供电线路接线端子。

2. 切换操作时不能使区域火灾报警控制器误报警、误动作。

要点 021　区域火灾报警控制器控制状态切换操作

职业功能	工作内容	技能要求	相关知识要求	分项考点	分值	总分
2 设施操作	2.1 火灾自动报警系统操作	2.1.1 ★ 能切换区域火灾报警控制器工作状态	2.1.1 区域火灾报警控制器工作状态切换方法	1. 确认区域火灾报警控制器工作状态	1	2
				2. 控制状态切换操作	0.5	
				3. 填写记录	0.5	

一、操作准备

1. 检查并确认区域火灾报警控制器处于正常监视状态。

2. 查阅区域火灾报警控制器使用说明书，熟悉控制状态操作方法。

3. 确认区域火灾报警控制器操作密码。

4. 准备《消防控制室值班记录表》和签字笔。

二、操作步骤

1. 确认区域火灾报警控制器工作状态

检查并确认区域火灾报警控制器处于正常监视状态。如区域火灾报警控制器误报火警，应及时复位，分析原因并加以解决，避免形成虚假的联动触发信号而导致区域火灾报警控制器对现场受控设备联动控制的误动作。

2. 控制状态切换操作

（1）界面综合操作

方法一：

当区域火灾报警控制器处于正常监视状态时，直接按下键盘区的"手/自动"切换键，输入系统操作密码并确认，进入控制状态切换界面。

再通过"手/自动"切换键切换，将区域火灾报警控制器从当前的手动控制状态切换为自动控制状态（也可从当前的自动控制状态切换为手动控制状态），保存并退出，完成控制状态的切换。

方法二：

当区域火灾报警控制器处于正常监控状态时，通过系统菜单中"操作"选项进入"操作"页面，在"操作"页面选择"手动/自动转换"选项，然后输入系统操作密码并确认，进入手动自动切换界面。

后续操作与方法一相同，通过"手/自动"切换键切换，将区域火灾报警控制器从当前的手动控制状态切换为自动控制状态（也可从当前的自动控制状态切换为手动控制状态），保存并退出，完成控制状态的切换。

（2）控制状态转换钥匙操作

新型火灾报警控制器一般在面板通用界面区设置了手动/自动状态转换钥匙、手动控制状态指示灯（器）和自动控制状态指示灯（器）。

操作手动/自动状态转换钥匙，使火灾报警控制器处于手动控制状态或自动控制状态，此时对应的控制状态指示灯（器）点亮。

（3）一键快捷操作

在火灾报警控制器处于手动控制状态情况下，当火灾报警控制器接收到现场触发器件的火警信号并确认火灾时，通过手动操作面板通用界面区独立设置的联动控制启动按键，直接将控制状态转换到自动控制状态，并点亮自动控制状态指示灯（器）。联动控制启动按键具有防止误操作措施，且不采用密码保护方式，有的产品将其标识为"火灾确认"键。

3. 填写记录

在《消防控制室值班记录表》上准确记录操作的时间和内容。

三、注意事项

1. 区域火灾报警控制器的控制状态切换，无论从手动控制状态转换为自动控制状态，还是从自动控制状态转换为手动控制状态，采用的具体操作方法以区域火灾报警控制器使用说明书为准。

2. 区域火灾报警控制器的控制状态应不受复位操作的影响。

要点 022　点型感烟火灾探测器火警和故障报警模拟测试

职业功能	工作内容	技能要求	相关知识要求	分项考点	分值	总分
2 设施操作	2.1 火灾自动报警系统操作	2.1.2 能模拟测试点型感烟、感温火灾探测器和手动火灾报警按钮的火警、故障报警功能	2.1.2 点型感烟、感温火灾探测器和手动火灾报警按钮的火警、故障报警功能的测试方法	1. 点型感烟火灾探测器故障报警功能测试	0.5	2
				2. 点型感烟火灾探测器火灾报警功能测试	0.5	
				3. 系统复位	0.5	
				4. 填写记录	0.5	

一、操作准备

1. 准备火灾探测报警系统图、点型感烟火灾探测器现场布置图和地址编码表、火灾报警控制器及点型感烟火灾探测器的使用说明书和设计手册等技术资料。

2. 准备试验烟枪（加烟器）、梯子等工具设备。

3. 准备防砸鞋、安全帽、绝缘手套、安全绳等防护装备。

4. 准备《消防控制室值班记录表》和签字笔。

二、操作步骤

1. 点型感烟火灾探测器故障报警功能测试

（1）将探测器从底座上拆除。

（2）检查火灾报警控制器发出故障报警情况，核查控制器显示的故障部件地址注释信息是否准确。

2. 点型感烟火灾探测器火灾报警功能测试

（1）将点型感烟火灾探测器重新安装在底座上。

（2）待火灾报警控制器故障报警自动消除后，采用试验烟枪（加烟器）持续向探测器施加试验烟雾，直至点型感烟火灾探测器报警确认灯点亮。

（3）检查火灾报警控制器发出火灾报警情况，核查控制器显示的火警部件地址注释信息是否准确。

3. 系统复位

（1）吹出点型感烟火灾探测器内的烟雾。

（2）按下火灾报警控制器上的"复位"键，检查火灾报警控制器和点型感烟火灾探测器是否恢复正常监视状态。

4. 填写记录

根据测试结果，规范填写《消防控制室值班记录表》。

三、注意事项

1. 人员登高操作时，需注意安全。

2. 火警测试时，应采取相应的措施，防止测试区域的消防设备误动作。

3. 测试结束后，应使系统恢复至正常监视状态。

要点 023 点型感温火灾探测器火警和故障报警模拟测试

职业功能	工作内容	技能要求	相关知识要求	分项考点	分值	总分
2 设施操作	2.1 火灾自动报警系统操作	2.1.2 能模拟测试点型感烟、感温火灾探测器和手动火灾报警按钮的火警、故障报警功能	2.1.2 点型感烟、感温火灾探测器和手动火灾报警按钮的火警、故障报警功能的测试方法	1. 点型感温火灾探测器故障报警功能测试	0.5	2
				2. 点型感温火灾探测器火灾报警功能测试	0.5	
				3. 系统复位	0.5	
				4. 填写记录	0.5	

一、操作准备

1. 准备火灾探测报警系统图、点型感温火灾探器现场布置图和地址编码表、火灾报警控制器和点型感温火灾探测器的使用说明书和设计手册等技术资料。

2. 准备电吹风机、梯子等工具设备。

3. 准备防砸鞋、安全帽、绝缘手套和安全绳等防护装备。

4. 准备《消防控制室值班记录表》和签字笔。

二、操作步骤

1. 点型感温火灾探测器故障报警功能测试

(1) 将点型感温火灾探测器从底座上拆除。

（2）检查火灾报警控制器发出故障报警情况，核查控制器显示的故障部件地址注释信息是否准确。

2. 点型感温火灾探测器火灾报警功能测试

（1）将点型感温火灾探测器重新安装在底座上。

（2）待火灾报警控制器故障报警自动消除后，用电吹风机持续向点型感温火灾探测器加温，直至点型感温火灾探测器报警确认灯点亮。

（3）检查火灾报警控制器发出火灾报警情况，核查控制器显示的火警部件地址注释信息是否准确。

3. 系统复位

（1）使点型感温火灾探测器周边温度恢复正常。

（2）按下火灾报警控制器上的"复位"键，检查火灾报警控制器和点型感温火灾探测器是否恢复正常监视状态。

4. 填写记录

在《消防控制室值班记录表》上准确记录操作的时间、内容和测试结果。

三、注意事项

1. 人员登高操作时，需注意安全。

2. 火警测试时，应采取相应措施，防止测试区域的消防设备误动作。

3. 测试结束后，应使系统恢复至正常监视状态。

要点 024　手动火灾报警按钮测试

职业功能	工作内容	技能要求	相关知识要求	分项考点	分值	总分
2 设施操作	2.1 火灾自动报警系统操作	2.1.2 能模拟测试点型感烟、感温火灾探测器和手动火灾报警按钮的火警、故障报警功能	2.1.2 点型感烟、感温火灾探测器和手动火灾报警按钮的火警、故障报警功能的测试方法	1. 检查火灾报警控制器工作状态	0.4	2
				2. 手动火灾报警按钮的工作状态和类型识别	0.4	
				3. 离线故障报警功能测试	0.4	
				4. 火灾报警功能测试	0.3	
				5. 复位功能测试	0.3	
				6. 填写记录	0.2	

一、操作准备

1. 准备手动火灾报警按钮的专用复位工具。

2. 准备手动火灾报警按钮、火灾报警控制器的使用说明书和设计手册等技术资料。

3. 准备《消防控制室值班记录表》《建筑消防设施故维修记录表》和签字笔。

二、操作步骤

1. 检查火灾报警控制器工作状态

检查并确认火灾报警控制器处于正常监视状态，并确保火灾报警控制器在手动火灾报警按钮测试过程中处于手动控制状态。如果火灾报警控制器存在手动火灾报警按钮故障信息，则应现场确认并通知手动火灾报警按钮厂家或维保单位进行维修或更换。

2. 手动火灾报警按钮的工作状态和类型识别

通过观察手动火灾报警按钮前面板的报警确认灯周期性巡检指示（闪烁）情况，以及启动零件是否破碎、变形或移位，判断手动火灾报警按钮是否处于正常监视状态；通过外观结构特征，识别手动火灾报警按钮是玻璃破碎型还是可复位型。对于常见的编码型手动火灾报警按钮，如果报警确认灯完全熄灭，说明手动火灾报警按钮可能出现故障，需要进一步检测或维修。

3. 离线故障报警功能测试

使手动火灾报警按钮处于离线状态，观察火灾报警控制器的故障报警情况。测试并记录火灾报警控制器发出故障声光信号的响应时间符合性、显示的地址及注释信息的准确性和完整性情况；恢复手动火灾报警按钮在线状态，观察火灾报警控制器显示的对应故障信号及信息消除情况。

对于玻璃破碎型手动火灾报警按钮，将专用测试钥匙插入手动火灾报警按钮的插孔内。

4. 火灾报警功能测试

测试插孔内，旋至测试位置：对于可复位型手动火灾报警按钮，可直接按下手动火灾报警按钮上的启动零件。触发手动火灾报警按钮后，观察手动火灾报警按钮报警确认灯的点亮情况、火灾报警控制器发出火警声光信号情况、火警信息记录情况，记录报警时间。检查火灾报警控制器显示发出报警信号部件类型与地址注释信息的准确性、完整性和响应时间符合性。

5. 复位功能测试

进行手动火灾报警按钮复位操作：对玻璃破碎型手动火灾报警按钮，将测试钥匙旋至正常位置后拔出钥匙；对可复位型手动火灾报警按钮，利用专用的复位工具进行复位操作。然后手动操作火灾报警控制器的"复位"键，观察手动火灾报警按钮的报警确认灯是否消除常亮状态。

6. 填写记录

根据检查测试结果，规范填写《消防控制室值班记录表》；若发现故障，还应填写《建筑消防设施故障维修记录表》。

三、注意事项

1. 注意区分手动火灾报警按钮和消火栓报警按钮，不能误操作。

2. 测试手动火灾报警按钮时，应避免消防联动设施误操作。

要点 025　火灾报警控制器的消音操作

职业功能	工作内容	技能要求	相关知识要求	分项考点	分值	总分
2 设施操作	2.1 火灾自动报警系统操作	2.1.3 能使用区域火灾报警控制器进行消音、复位操作	2.1.3 区域火灾报警控制器消音、复位功能的操作方法	1. 确认火灾报警控制器的工作状态	0.5	2
				2. 识别火灾报警控制器发出的声报警信号	0.5	
				3. 操作"消音"键	0.5	
				4. 填写记录	0.5	

一、操作准备

1. 准备火灾报警控制器使用说明书和设计手册等技术资料。

2. 准备《消防控制室值班记录表》《建筑消防设施故障维修记录表》和签字笔。

二、操作步骤

1. 确认火灾报警控制器的工作状态

观察并确认火灾报警控制器处于正常监视状态，也可处于部分设备或部位的屏蔽状态。如发现火灾报警控制器面板界面上的系统故障指示灯点亮，应及时进行维修。

2. 识别火灾报警控制器发出的声报警信号

观察火灾报警控制器，当火灾报警控制器本机或与其连接的火灾探测器等其他火灾报警触发器件发生火警、监管或故障等报警事件时（系统故障除外），火灾报警控制器显示器显示事件信息，音响器件发出相应的报警声。此时，应根据火灾报警控制器发出声信号的音调特征准确识别声报警信号类别。

3. 操作"消音"键

按下火灾报警控制器面板操作界面上的"消音"键，音响器件停止发出声音，消音指示灯点亮。

4. 填写记录

根据检查结果，规范填写《消防控制室值班记录表》；如发现火灾报警控制器存在本机故障，还应规范填写《建筑消防设施故障维修记录表》。

三、注意事项

1. 操作时请注意消音指示灯的指示状态变化。
2. 操作"消音"键时要防止误操作。

要点 026 火灾报警控制器手动复位操作

职业功能	工作内容	技能要求	相关知识要求	分项考点	分值	总分
2 设施操作	2.1 火灾自动报警系统操作	2.1.3 能使用区域火灾报警控制器进行消音、复位操作	2.1.3 区域火灾报警控制器消音、复位功能的操作方法	1. 进行报警信息核实并判断是否进行手动复位操作	1	2
				2. 手动复位操作	0.5	
				3. 填写记录	0.5	

一、操作准备

1. 准备火灾报警控制器使用说明书和设计手册等技术资料。

2. 准备《消防控制室值班记录表》《建筑消防设施故障维修记录表》和签字笔。

二、操作步骤

1. 进行报警信息核实并判断是否进行手动复位操作

当火灾报警控制器本机或与其连接的火灾探测器等火灾触发器件发生报警事件后，火灾报警控制器操作人员应使用对讲机、消防电话等通信工具与现场工作人员保持联系，通过现场反馈信息判断是否进行手动复位操作。

2. 手动复位操作

在收到现场处理反馈信息，确认进行手动复位操作功能后，结合钥匙或操作码进入火灾报警控制器的Ⅱ级操作功能状态，按下火灾报警控制器操作界面内的手动复位键，火灾报警控制器执行复位动作，所有报警事件被清除。复位后，火灾报警控制器将保持仍然存在的状态及相关信息，或在一段时间内重新建立这些信息。

3. 填写记录

根据检查结果，规范填写《消防控制室值班记录表》；如发现火灾报警控制器存在本机故障或与其连接的部件发生故障时，还应规范填写《建筑消防设施故障维修记录表》。

三、注意事项

1. 操作时请注意火警、故障事件指示灯的状态变化。
2. 操作手动复位键时要防止误操作。

要点 027　火灾警报装置启动

职业功能	工作内容	技能要求	相关知识要求	分项考点	分值	总分
2 设施操作	2.1 火灾自动报警系统操作	2.1.4 能操作区域火灾报警控制器发出警报信号	2.1.4 区域火灾报警控制器发出警报信号的操作方法	1. 火灾报警控制器功能检查时启动火灾警报器	1	2
				2. 确认火灾，启动火灾警报器	0.5	
				3. 填写记录	0.5	

一、操作准备

1. 准备火灾报警控制器及警报装置使用说明书和设计手册等技术资料。

2. 准备《消防控制室值班记录表》和签字笔。

二、操作步骤

1. 火灾报警控制器功能检查时启动火灾警报器

（1）通过火灾报警控制器面板界面直接启动需要检查的火灾警报器。

（2）确认火灾警报器声、光输出是否正常。其动作指示灯点亮，警报光信号点亮，警报喇叭输出报警声。

2. 确认火灾，启动火灾警报器

（1）当火灾报警控制器接收到首个火灾预报警信号后，应以最快方式确认是否发生火灾。

（2）确认发生火灾后，现场按下手动火灾报警按钮，火灾报警控制器将控制输出启动火灾警报器，操作火灾报警控制器直接启动火灾警报器。

（3）确认火灾警报器声、光输出状态。

3. 填写记录

在《消防控制室值班记录表》上准确记录操作的时间和内容。

三、注意事项

在进行火灾警报器功能检查前，应通知现场有关人员，以避免发生恐慌。

要点 028 室外消火栓操作

职业功能	工作内容	技能要求	相关知识要求	分项考点	分值	总分
2 设施操作	2.2 其他消防设施操作	2.2.1 ★能使用室外消火栓灭火	2.2.1 消火栓系统的分类、组成和工作原理	1. 打开消防水带	0.3	2
				2. 连接水枪	0.3	
				3. 打开闷盖	0.3	
				4. 连接栓口	0.3	
				5. 打开阀门	0.3	
				6. 打开排水阀	0.3	
				7. 填写记录	0.2	

一、操作准备

1. 确认地上式室外消火栓或地下式室外消火栓的位置。
2. 准备室外消火栓扳手、消防水枪和消防水带。
3. 准备《建筑消防设施巡查记录表》和签字笔。

二、操作步骤

1. 打开消防水带

将消防水带铺开、拉直。

2. 连接水枪

将消防水枪与消防水带快速连接。

3. 打开闷盖

打开室外消火栓公称直径 65mm 出水口的闷盖，同时关闭其他不用的出水口。

4. 连接栓口

连接消防水带与室外消火栓出水口。

5. 打开阀门

连接完毕，用室外消火栓扳手逆时针旋转，把螺杆旋到最大位置，打开室外消火栓，对准火焰灭火。

6. 打开排水阀

室外消火栓使用完毕，需打开排水阀，将消火栓内的积水排出，以免因结冰而将消火栓损坏。

7. 填写记录

在《建筑消防设施巡查记录表》上规范填写，记录情况。

三、注意事项

1. 用消火栓扳手转动消火栓启闭杆，观察其灵活性，必要时加注润滑油。

2. 检查栓体外表面有无锈蚀、脱落，如有应及时补漆。

3. 及时清理消火栓周围、地下消火栓井内障碍物和积存的杂物。

4. 室外消火栓应有明显标志。

要点 029　自带消防泵组室外消火栓操作

职业功能	工作内容	技能要求	相关知识要求	分项考点	分值	总分
2 设施操作	2.2 其他消防设施操作	2.2.1 ★ 能使用室外消火栓灭火	2.2.1 消火栓系统的分类、组成和工作原理	1. 检查工作状态	0.2	2
				2. 打开水带	0.2	
				3. 连接水枪	0.2	
				4. 打开闷盖	0.2	
				5. 连接室外栓	0.2	
				6. 打开阀门	0.2	
				7. 启动启泵按钮	0.2	
				8. 停止消防水泵	0.2	
				9. 打开排水阀	0.2	
				10. 填写记录	0.2	

一、操作准备

1. 确认地上式室外消火栓或地下式室外消火栓位置。
2. 在消防泵房内确认室外消火栓水泵的位置。
3. 熟悉室外临时高压消火栓给水系统设计图样。
4. 准备室外消火栓扳手、消防水枪和消防水带。
5. 准备《建筑消防设施巡查记录表》和签字笔。

二、操作步骤

1. 检查工作状态

确认室外消火栓水泵、供水阀门、消防水泵控制柜处于正常工作状态，供水管路通畅。

2. 打开水带

将消防水带铺开、拉直。

3. 连接水枪

将消防水枪与消防水带快速连接。

4. 打开闷盖

打开室外消火栓公称直径 65mm 出水口的闷盖，同时关闭其他不用的出水口。

5. 连接室外栓

将消防水带与室外消火栓出水口连接。

6. 打开阀门

连接完毕，用室外消火栓扳手逆时针旋转，把螺杆旋到最大位置，打开室外消火栓，双手紧握消防水枪，对准火焰根部准备灭火。

7. 启动启泵按钮

按下室外消火栓水泵启动按钮，室外消防水泵在接到启泵信号 2min 之内自动启动，使消防水枪出水的工作压力和流量满足灭火要求，开始灭火。

8. 停止消防水泵

灭火完毕后，手动停止室外消火栓水泵工作，将室外消火栓水泵控制按钮复位至自动启泵状态。

9. 打开排水阀

打开室外消火栓的排水阀，将消火栓内的积水排出，以免因结冰而将消火栓损坏。

10. 填写记录

在《建筑消防设施巡查记录表》上规范填写，记录情况。

三、注意事项

1. 用消火栓扳手转动消火栓启闭杆，观察其灵活性，必要时加注润滑油。

2. 用专业扳手启闭供水阀门，观察其灵活性，必要时加注润滑油。

3. 检查栓体、供水管道外表面有无锈蚀、脱落，如有应及时补漆。

4. 检查室外消火栓水泵控制按钮的复位情况。

5. 及时清理消火栓周围、地下消火栓井内障碍物和积存的杂物。

6. 室外消火栓应有明显标志。

要点 030　操作室内消火栓灭火
（室内高压消火栓给水系统）

职业功能	工作内容	技能要求	相关知识要求	分项考点	分值	总分
2 设施操作	2.2 其他消防设施操作	2.2.2 ★ 能使用室内消火栓、消防软管卷盘、轻便消防水龙灭火	2.2.2 室内（外）消火栓、消防软管卷盘、轻便消防水龙的操作方法	1. 检查阀门管路状态	0.3	2
				2. 打开箱门	0.3	
				3. 按下启泵按钮	0.3	
				4. 连接水枪	0.3	
				5. 打开栓阀	0.3	
				6. 恢复消火栓	0.3	
				7. 填写记录	0.2	

一、操作准备

1. 熟悉室内高压消火栓给水系统设计图样。
2. 确定室内消火栓箱的位置。
3. 准备《建筑消防设施巡查记录表》和签字笔。

二、操作步骤

1. 检查阀门管路状态

确认室内消火栓给水系统供水阀门处于正常工作状态，供水管道通畅。

2. 打开箱门

发生火灾时，迅速打开消火栓箱门，若为玻璃门，紧急时可将其击碎。

3. 按下启泵按钮

按下消火栓箱内的消火栓按钮，发出报警信号。

4. 连接水枪

取出消防水枪，拉出消防水带，将水带接口一端与消火栓接口顺时针旋转连接，另一端与水枪顺时针旋转连接，在地面上铺平拉直。

5. 打开栓阀

将室内消火栓手轮顺开启方向旋开，另一人双手紧握水枪，喷水灭火。

6. 恢复消火栓

灭火完毕，关闭室内消火栓，将水带冲洗干净，置于阴凉干燥处晾干后，按原水带安置方式置于消火栓箱内。将已破碎的控制按钮玻璃清理干净，换上同等规格的玻璃片。

7. 填写记录

在《建筑消防设施巡查记录表》上规范填写，记录情况。

三、注意事项

1. 注意连接时接口处不渗漏，若漏水应及时上报维修。

2. 检查消火栓箱内所配置的消防器材是否齐全、完好，如有缺失、损坏，应及时上报增补、维修。

3. 检查室内消火栓及各种阀门的转动机构是否灵活、转动自如，如有卡阻，应及时上报维修。

4. 检查消火栓箱内报警按钮、指示灯及报警控制线路功能是否正常且无故障，如有应及时上报维修。

5. 及时发现并清理室内消火栓周围障碍物，不得影响下次使用。

要点 031　操作室内消火栓灭火 （室内临时高压消火栓给水系统）

职业功能	工作内容	技能要求	相关知识要求	分项考点	分值	总分
2 设施操作	2.2 其他消防设施操作	2.2.2 ★ 能使用室内消火栓、消防软管卷盘、轻便消防水龙灭火	2.2.2 室内（外）消火栓、消防软管卷盘、轻便消防水龙的操作方法	1. 检查阀门管路状态	0.3	2
				2. 打开箱门	0.3	
				3. 按下启泵按钮	0.2	
				4. 连接水枪	0.2	
				5. 打开栓阀	0.2	
				6. 测量出水压力及流量	0.2	
				7. 停泵恢复自动状态	0.2	
				8. 恢复消火栓	0.2	
				9. 填写记录	0.2	

一、操作准备

1. 熟悉室内临时高压消火栓给水系统设计图样。
2. 在消防泵房内确认室内消火栓水泵的位置。
3. 确定室内消火栓箱的位置。
4. 准备《建筑消防设施巡查记录表》和签字笔。

二、操作步骤

1. 检查阀门管路状态

确认室内消火栓水泵、供水阀门及消防水泵控制柜处于正常工作状态，供水管道通畅。

2. 打开箱门

发生火灾时，迅速打开消火栓箱门，若为玻璃门，紧急时可将其击碎。

3. 按下启泵按钮

按下消火栓箱内的消火栓按钮，发出报警信号。

4. 连接水枪

取出消防水枪，拉出消防水带，同时把水带接口一端与消火栓接口顺时针旋转连接，另一端与水枪顺时针旋转连接，在地面上铺平拉直。

5. 打开栓阀

将室内消火栓手轮顺开启方向旋开，另一人双手紧握水枪，对准火焰准备灭火。

6. 测量出水压力及流量

室内消火栓水泵在接到启泵信号 2min 之内自动启动，使消防水枪出水的工作压力和流量满足灭火要求，开始灭火。

7. 停泵恢复自动状态

灭火完毕后，手动停止室内消火栓水泵工作，将室内消火栓水泵控制按钮复位至自动启泵状态。

8. 恢复消火栓

关闭室内消火栓，将水带冲洗干净，置于阴凉干燥处晾干后，按原水带安置方式置于消火栓箱内。将已破碎的控制按钮玻璃清理干净，换上同等规格的玻璃片。

9. 填写记录

在《建筑消防设施巡查记录表》上规范填写，记录情况。

三、注意事项

1. 注意连接时接口处无渗漏，若漏水应及时上报维修。

2. 检查消火栓箱内所配置的消防器材是否齐全、完好，如有缺失、损坏，应及时上报增补、维修。

3. 检查室内消火栓及各种阀门的转动机构是否灵活、转动自如，如有卡阻，应及时上报维修。

4. 检查栓体、供水管道外表面有无锈蚀、脱落，如有应及时补漆。

5. 检查室内消火栓水泵控制按钮的复位情况。

6. 检查消火栓箱内报警按钮、指示灯及报警控制线路功能是否正常且无故障，如有应及时上报维修。

7. 及时发现并清理室内消火栓周围障碍物，不得影响下次使用。

要点 032　操作消防软管卷盘灭火

职业功能	工作内容	技能要求	相关知识要求	分项考点	分值	总分
2 设施操作	2.2 其他消防设施操作	2.2.2 ★ 能使用室内消火栓、消防软管卷盘、轻便消防水龙灭火	2.2.2 室内（外）消火栓、消防软管卷盘、轻便消防水龙的操作方法	1. 打开箱门	0.3	2
				2. 按下启泵按钮	0.3	
				3. 拉出消防软管	0.3	
				4. 打开阀门出水灭火	0.3	
				5. 恢复	0.3	
				6. 检查配件	0.3	
				7. 填写记录	0.2	

一、操作准备

1. 熟悉设计图样，确认室内消火栓箱的位置。

2. 准备《建筑消防设施巡查记录表》和签字笔。

二、操作步骤

1. 打开箱门

发生火灾时，应迅速打开消火栓箱门，若为玻璃门，紧急时可将其击碎。

2. 按下启泵按钮

按下消火栓箱内的消火栓按钮，发出报警信号。

3. 拉出消防软管

从卷盘上拉出消防软管，将软管接口与室内消防给水管道上的接头连接。

4. 打开阀门出水灭火

逆时针打开消防给水管道阀门，拉直消防软管，同时打开喷枪的开关，紧握喷枪，喷水灭火。

5. 恢复

灭火完毕，关闭消防给水管道、喷枪门，将消防软管冲洗干净，置于阴凉干燥处晾干后，按原软管安置方式置于卷盘上。将已破碎的控制按钮玻璃清理干净，换上同等规格的玻璃片。

6. 检查配件

检查消火栓箱内所配置的消防器材是否齐全、完好，如有损坏应及时配齐和修复。

7. 填写记录

在《建筑消防设施巡查记录表》上规范填写，记录情况。

三、注意事项

1. 连接时观察接口处、消防软管卷盘供水闸阀是否漏水，若有漏水应及时上报维修。

2. 消防软管卷盘的转动轴应能灵活转动，如有卡阻，应及时上报维修。

要点 033 轻便消防水龙的操作方法

职业功能	工作内容	技能要求	相关知识要求	分项考点	分值	总分
2 设施操作	2.2 其他消防设施操作	2.2.2 ★ 能使用室内消火栓、消防软管卷盘、轻便消防水龙灭火	2.2.2 室内（外）消火栓、消防软管卷盘、轻便消防水龙的操作方法	1. 打开箱门	0.4	2
				2. 连接消防水龙	0.4	
				3. 打开阀门	0.4	
				4. 恢复	0.3	
				5. 检查配件	0.3	
				6. 填写记录	0.2	

一、操作准备

1. 熟悉设计图样，确认轻便消防水龙箱的位置。
2. 准备《建筑消防设施巡查记录表》和签字笔。

二、操作步骤

1. 打开箱门

发生火灾时，应迅速打开消火栓箱门。

2. 连接消防水龙

从卷盘上拉出轻便消防水龙，将水龙上的接口一端与室内自来水管或消防供水管道上的接头进行连接。

3. 打开阀门

逆时针打开消防给水管道阀门，拉直消防水带，同时将水枪上的开关转换到"开"的位置，双手紧握水枪，喷水灭火。

4. 恢复

灭火完毕，关闭消防给水管道阀门、水枪门，将轻便消防水带冲洗干净，置于阴凉干燥处晾干后，按原安置方式置于卷盘上。

5. 检查配件

检查消火栓箱内所配置的消防器材是否齐全、完好，如有损坏应及时配齐和修复。

6. 填写记录

在《建筑消防设施巡查记录表》上规范填写，记录情况。

三、注意事项

1. 连接时接口处及轻便消防水龙供水阀不应漏水，若有漏水应及时上报维修。

2. 轻便消防水龙卷盘的转动轴应转动灵活，如有卡阻，应及时上报维修。

3. 检查轻便消防水龙的接头，如有损坏，应及时上报维修。

4. 检查喷枪的开关，"开"与"关"的转换应能由一个动作完成。

要点 034　识别、切换消防水泵控制柜工作状态

职业功能	工作内容	技能要求	相关知识要求	分项考点	分值	总分
2 设施操作	2.2 其他消防设施操作	2.2.3 ★ 能识别、切换消火栓泵组电气控制柜工作状态	2.2.3 消火栓泵组的操作方法	1. 打开柜门检查零部件	0.4	2
				2. 断开控制柜总电源	0.4	
				3. 合上总电源	0.4	
				4. 将消防水泵控制柜控制开关转至手动	0.3	
				5. 将消防水泵控制柜控制开关转至自动	0.3	
				6. 填写记录	0.2	

一、操作准备

1. 熟悉消防水泵控制柜的使用说明书。

2. 观察消防水泵控制柜外观，应完好无损。

3. 准备《建筑消防设施巡查记录表》和签字笔。

二、操作步骤

1. 打开柜门检查零部件

打开控制柜，检查柜内低压断路器、接触器、继电器等电器是

否完好，各元件应无破损、松动、脱落，紧固各电器接触接头和接线螺钉。

2. 断开控制柜总电源

检查各转换开关，启泵、停泵按钮动作应灵活、可靠。

3. 合上总电源

检查电源指示应正常。

4. 将消防水泵控制柜控制开关转至手动

手动启动任一消防水泵，观察控制柜运行情况，各仪表、指示灯是否指示正常、是否有异响，若无异常，表示工作正常。

5. 将消防水泵控制柜控制开关转至自动

打开消防水泵试水阀，观察消防水泵控制柜运行情况，各仪表、指示灯是否指示正常、是否有异响，若无异常，表示工作正常。

6. 填写记录

在《建筑消防设施巡查记录表》上规范填写，记录情况。

三、注意事项

1. 检查消防水泵控制柜，注意操作安全。
2. 检查过程要认真做好记录以备查。

要点 035　手动启/停消防泵组

职业功能	工作内容	技能要求	相关知识要求	分项考点	分值	总分
2设施操作	2.2其他消防设施操作	2.2.4 能手动启/停消火栓泵组	2.2.3 消火栓泵组的操作方法	1. 接通供电设施	0.4	2
				2. 观察消防水泵控制柜上显示屏	0.4	
				3. 打开消防水泵试水	0.4	
				4. 转换至手动控制状态	0.3	
				5. 按下控制柜上一键停止按钮	0.3	
				6. 填写记录	0.2	

一、操作准备

1. 熟悉消防设计图样，确认消防泵组的位置。
2. 观察消防泵组外观，应完好无损。
3. 准备《建筑消防设施巡查记录表》和签字笔。

二、操作步骤

1. 接通供电设施

观察消防水泵控制柜上显示屏，确认电流、电压、功率等满足消防泵组工作要求。

2. 观察消防水泵控制柜上显示屏

确认消防水池是否处于正常水位；观察消防水池水位计显示是否处于正常水位，应能满足消防泵组自灌吸水要求。

3. 打开消防水泵试水。

4. 转换至手动控制状态

将消防水泵控制柜控制开关转至手动，按下控制柜上一键启动按钮，观察消防水泵是否按时启动且运行平稳。

5. 按下控制柜上一键停止按钮

观察消防水泵是否平稳，如平稳找下停止按钮。

6. 填写记录

在《建筑消防设施巡查记录表》上规范填写，记录情况。

三、注意事项

1. 消防水泵启动前应检查阀门，确保其完好。

2. 操作完毕，应将消防水泵控制柜控制开关转至自动启动状态。

3. 注意操作安全。

4. 检查过程要认真做好记录以备查。

要点 036　灭火器的选择与操作

职业功能	工作内容	技能要求	相关知识要求	分项考点	分值	总分
2 设施操作	2.2 其他消防设施操作	2.2.5 ★ 能根据火灾类别选择灭火器灭火	2.2.4 灭火器的选择和操作	1. 口述该位置的物品属于哪种火灾类型	0.5	2
				2. 模拟燃烧	0.5	
				3. 选择相应灭火器	0.5	
				4. 模拟灭火	0.5	

一、操作准备

1. 准备各种类型的灭火器，如手提贮压式水基型灭火器、手提贮压式干粉灭火器、手提式洁净气体灭火器和手提式二氧化碳灭火器，推车贮压式水基型灭火器、推车贮压式干粉灭火器和推车式二氧化碳灭火器。将灭火器按配置场景进行布置。

2. 准备常见易燃和可燃物质，如纸张、纸篓、木材、服装、汽车轮胎、塑料、电源插座、计算机、沙发、汽油、食用油、油漆等。

3. 从准备好的常见易燃和可燃物质中随意选出若干件物品，将物品分别排开或组合，放置在适当的位置。

二、操作步骤

1. 口述该位置的物品属于哪种火灾类型

2. 模拟燃烧

点燃该位置的可燃物品（允许操作时），或采用模拟电子培训平台点燃同类可燃物质。

3. 选择相应灭火器

在配置灭火器的位置选出合适的扑救模拟火灾的灭火器。

4. 模拟灭火

使用选出的灭火器进行模拟灭火（或真实灭火操作，扑灭火灾）。

三、注意事项

1. 采用真实火灾模拟灭火时，应做好安全预案。

2. 灭火时，应保证人可靠近火源的距离，且在火源的上风方向进行灭火。

3. 在室内灭火时，当灭火剂喷射结束后，人员应及时撤离。

4. 大多数洁净气体灭火剂灭火后产生的热分解气体都有一定的毒性，喷射结束后人员应迅速撤离。

5. 不能误操作灭火器。

要点 037　过滤式消防自救呼吸器的操作

职业功能	工作内容	技能要求	相关知识要求	分项考点	分值	总分
2 设施操作	2.2 其他消防设施操作	2.2.6 ★ 能使用消防自救呼吸器	2.2.5 消防自救呼吸器的使用方法	1. 打开包装	0.5	2
				2. 拔出密封塞	0.5	
				3. 自救呼吸器穿戴	0.5	
				4. 拉紧系带	0.5	

一、操作准备

1. 仔细阅读过滤式消防自救呼吸器使用说明书，熟悉使用方法和注意事项。

2. 确认过滤式消防自救呼吸器外观良好，在使用有效期内。

二、操作步骤

1. 打开包装

开启过滤式消防自救呼吸器包装盒盖，撕开包装袋，取出呼吸器。

2. 拔出密封塞

沿着提醒带绳拔掉前后两个密封塞。

3. 自救呼吸器穿戴

将过滤式消防自救呼吸器套于头上，向下拉至颈部，过滤罐应置于鼻子前面，半面罩应罩住口鼻并与脸部紧密贴合。

4. 拉紧系带

从侧面拉紧系带，保证头罩的气密性，然后迅速撤离火场。

三、注意事项

1. 与化学氧消防自救呼吸器不同，过滤式消防自救呼吸器只能在空气中氧气浓度不低于17％时使用，否则会发生窒息。

2. 过滤式消防自救呼吸器是一次性产品，不可重复使用，不能用于工作保护。

3. 长发者使用过滤式消防自救呼吸器时，为防止有毒气体经过头发缝隙进入头罩内，应将头发全部卷进头罩内；佩戴眼镜者使用过滤式消防自救呼吸器时，无须摘下眼镜。

4. 存放型过滤式消防自救呼吸器不能随意搬动、敲击、拆装，以免引起意外失效。如果包装盒盖的开启封条及塑料密封包装袋被撕破，密封将无法恢复，视为呼吸器已失效。

5. 过滤式消防自救呼吸器仅供成年人佩戴使用。

6. 过滤式消防自救呼吸器在使用过程中不得随意摘除。

要点 038　化学氧消防自救呼吸器的操作

职业功能	工作内容	技能要求	相关知识要求	分项考点	分值	总分
2 设施操作	2.2 其他消防设施操作	2.2.6 ★ 能使用消防自救呼吸器	2.2.5 消防自救呼吸器的使用方法	1. 打开包装	0.5	2
				2. 拔出密封塞	0.5	
				3. 自救呼吸器穿戴	0.5	
				4. 把呼吸气囊吹鼓	0.5	

一、操作准备

1. 仔细阅读化学氧消防自救呼吸器使用说明书，熟悉使用方法和注意事项。

2. 确认化学氧消防自救呼吸器外观良好，在使用有效期内。

二、操作步骤

1. 打开包装

开启化学氧消防自救呼吸器包装盒盖，取出呼吸器。

2. 拔出密封塞

拔掉防护头罩内上下两个密封塞。

3. 自救呼吸器穿戴

将化学氧消防自救呼吸器套于头上，拉紧系带。

4. 把呼吸气囊吹鼓

保持均匀呼吸，迅速撤离火场。

三、注意事项

1. 备用化学氧消防自救呼吸器不得随意搬动、敲击、拆装。

2. 化学氧消防自救呼吸器在使用过程中不得随意摘除。

3. 使用后或报废后的化学氧消防自救呼吸器需用水将生氧罐内药剂全部冲洗溶解后，方可妥善处理，严禁随意丢弃，以免发生事故。

4. 化学氧消防自救呼吸器仅供一次性使用，不能用于作业保护和水下使用。

要点 039　区域火灾报警控制器的内部清洁保养

职业功能	工作内容	技能要求	相关知识要求	分项考点	分值	总分
3 设施保养	3.1 火灾自动报警系统保养	3.1.1 能清洁维护区域火灾报警控制器外表	3.1.1 区域火灾报警控制器的保养内容和方法	1. 区域火灾报警控制器除尘除湿	0.3	0.5
				2. 接线端子紧固与锈蚀处理		
				3. 电路板保养	0.2	
				4. 电池保养		
				5. 接人复检		
				6. 填写记录		

一、操作准备

1. 准备区域火灾报警控制器系统图、火灾探测器等系统部件现场布置图和地址编码表、区域火灾报警控制器使用说明书和设计手册等技术资料。

2. 准备吹尘器、软布、毛刷等工具。

3. 准备《建筑消防设施维护保养记录表》和签字笔。

二、操作步骤

1. 区域火灾报警控制器除尘除湿

断开区域火灾报警控制器的备用电池，再关闭主电源。用吹尘器、潮湿软布等清除柜体内的灰尘。检查区域火灾报警控制器所在房间湿度；若空气湿度过大，应在柜体内放置干燥剂。

2. 接线端子紧固与锈蚀处理

检查区域火灾报警控制器的接线端子，将松动的端子重新紧固连接；换掉有锈蚀痕迹的螺钉、端子垫片等接线部件；去除有锈蚀的导线端，镀锡后重新连接。

3. 电路板保养

用吹尘器、毛刷等清除电路板处灰尘；用万用表测量区域火灾报警控制器总线回路末端探测器或模块的供电电压，当电压值小于说明书规定值时，应更换出现问题的电路板或调整线路。

4. 电池保养

检查区域火灾报警控制器备用电池外观，不应有裂纹、变形及爬碱、漏液等现象，若存在以上现象应及时更换。检查主板上纽扣电池电量，或通过系统时钟显示准确与否。确认主板上纽扣电池电量，电量不足时应及时更换。

5. 接入复检

按下列规定进行接入复检，检查结果应符合产品标准和设计要求：

（1）检查前应恢复区域火灾报警控制器的主电源，再恢复备用电源，保持与所有回路的火灾探测器、手动火灾报警按钮等的连接。

（2）按国家标准《火灾报警控制器》（GB 4717—2005）的规定对区域火灾报警控制器进行下列功能检查并记录：

① 检查自检功能和操作级别。

② 使区域火灾报警控制器与火灾探测器之间的连线断路和短路，检查区域火灾报警控制器是否在 100s 内发出故障信号（短路时发出火灾报警信号除外）；在故障状态下，使任一非故障部位的火灾探测器发出火灾报警信号，检查区域火灾报警控制器是否在 10s 内发出火灾报警信号；再使其他火灾探测器发出火灾报警信号，

检查区域火灾报警控制器的再次报警功能。

③ 检查消音和复位功能。

④ 使区域火灾报警控制器与备用电源之间的连线断路和短路，检查区域火灾报警控制器是否在 100s 内发出故障信号。

⑤ 检查屏蔽功能。

⑥ 使总线隔离器保护范围内的任一点短路，检查总线隔离器的隔离保护功能。

⑦ 使任一总线回路上不少于 10 个火灾探测器同时处于火灾报警状态，检查区域火灾报警控制器的负载功能。

⑧ 检查主备电源的自动转换功能。

接入复检应由承担维修保养的企业和产品使用或管理单位人员共同进行。接入复检应做好记录，复检记录表应由参与复检的人员签字。

6. 填写记录

根据检查结果，规范填写《建筑消防设施维护保养记录表》；若发现区域火灾报警控制器存在故障，还应规范填写《建筑消防设施故障维修记录表》。

三、注意事项

1. 切记不要带电清洁保养区域火灾报警控制器，不能用水和普通清洁剂清洁电路板、电池、操作面板和控制开关。

2. 擦拭过程中，要轻轻操作，避免按压按键。

要点 040　更换区域火灾报警
控制器打印纸

职业功能	工作内容	技能要求	相关知识要求	分项考点	分值	总分
3 设施保养	3.1 火灾自动报警系统保养	3.1.2 能更换区域火灾报警控制器的打印纸	3.1.2 区域火灾报警控制器打印纸的更换方法	1. 关闭打印机电源	0.1	0.5
				2. 识别打印面	0.1	
				3. 安装打印纸	0.1	
				4. 打印纸更换完成后，应进行打印测试	0.1	
				5. 填写记录	0.1	

一、操作准备

1. 准备区域火灾报警控制器的使用说明书等技术资料。
2. 准备《建筑消防设施维护保养记录表》《建筑消防设施故障维修记录表》和签字笔。

二、操作步骤

1. 关闭打印机电源

关闭电源，打开打印机机盖。如只剩下黑色打印纸芯时，取出黑色打印纸芯。

2. 识别打印面

识别热敏打印纸的打印面，用硬物轻划打印纸两面，留有黑色划痕的一面为打印面，没有黑色划痕的为反面。

3. 安装打印纸

将打印纸打印面朝上放入打印机，将打印纸拉出一定长度，扣上打印机机盖。

4. 打印纸更换完成后，应进行打印测试

首先关闭区域火灾报警控制器备用电源，打印机应打印出备电故障信息。确认打印成功后打开区域火灾报警控制器备用电源开关。

5. 填写记录

按规范填写《建筑消防设施维护保养记录表》。若发现区域火灾报警控制器打印机存在故障，还应规范填写《建筑消防设施故障维修记录表》。

三、注意事项

在进行打印纸更换操作时，不要触碰到区域火灾报警控制器其他操作按键。

要点 041　点型感烟火灾探测器保养

职业功能	工作内容	技能要求	相关知识要求	分项考点	分值	总分
3 设施保养	3.1 火灾自动报警系统保养	3.1.3 能保养点型感烟（温）火灾探测器、手动火灾报警按钮及火灾警报装置等	3.1.3 点型感烟（温）火灾探测器、手动火灾报警按钮及火灾警报装置的保养方法	1. 运行环境检查	0.3	0.5
				2. 设备外观检查		
				3. 火灾报警功能测试		
				4. 表面清洁	0.2	
				5. 接线端子与接线检查		
				6. 填写记录		

一、操作准备

1. 准备试验烟发生装置、旋具、吹尘器等相关工具。
2. 准备《建筑消防设施维护保养记录表》和签字笔。

二、操作步骤

1. 运行环境检查

检查点型感烟火灾探测器周围是否有影响探测器运行的遮挡物，如有应移除。检查周围环境是否有漏水情况，如有漏水应及时处理，防止弄湿设备。

2. 设备外观检查

对点型感烟火灾探测器进行外观检查，检查探测器表面是否有污渍、划痕、磨损。如破损严重，应更换探测器。

3. 火灾报警功能测试

用试验烟发生装置测试点型感烟火灾探测器，探测器报警指示灯应能常亮，并将火警信息传到火灾报警控制器上。测试后，探测器指示灯恢复闪亮状态。

4. 表面清洁

对点型感烟火灾探测器表面进行清洁，用吹尘器吹掉设备表面的浮尘，用潮湿软布轻轻擦拭表面污垢。探测器保养后恢复至正常工作状态。

5. 接线端子与接线检查

检查接线端子及接线，接线端子如有松动应用旋具拧紧，接线端子如有锈蚀应予以更换；接线如有锈蚀，应剪掉锈蚀部分并镀锡后重新连接。

6. 填写记录

在《建筑消防设施维护保养记录表》上如实填写保养内容和保养结果。

三、注意事项

1. 设备保养后必须恢复到正常工作状态。
2. 擦拭过程中，要轻轻操作，避免损坏设备。
3. 抹布浸水后拧干，擦拭过程中不能有滴水现象。

要点 042　点型感温火灾探测器保养

职业功能	工作内容	技能要求	相关知识要求	分项考点	分值	总分
3 设施保养	3.1 火灾自动报警系统保养	3.1.3 能保养点型感烟（温）火灾探测器、手动火灾报警按钮及火灾警报装置等	3.1.3 点型感烟（温）火灾探测器、手动火灾报警按钮及火灾警报装置的保养方法	1. 运行环境检查	0.3	0.5
				2. 设备外观检查		
				3. 火灾报警功能测试		
				4. 表面清洁	0.2	
				5. 接线端子与接线检查		
				6. 填写记录		

一、操作准备

1. 准备加温装置、旋具、吹尘器等相关工具。
2. 准备《建筑消防设施维护保养记录表》和签字笔。

二、操作步骤

1. 运行环境检查

检查点型感温火灾探测器周围是否有影响探测器运行的遮挡物、发热设备等，如果有应移除。检查周围环境是否有漏水情况，如有漏水应及时处理，防止弄湿设备。

2. 设备外观检查

对点型感温火灾探测器进行外观检查，检查探测器表面是否有污渍、划痕、磨损。如破损严重，应更换探测器。

3. 火灾报警功能测试

用加温装置测试点型感温火灾探测器，探测器报警指示灯应能常亮，并将火警信息传到火灾报警控制器上。测试后，探测器指示灯恢复闪亮状态。

4. 表面清洁

对点型感温火灾探测器表面进行清洁，用吹尘器吹掉设备表面的浮尘，用潮湿软布轻轻擦拭表面污垢。保养后探测器恢复至正常工作状态。

5. 接线端子与接线检查

检查接线端子及接线，接线端子如有松动应用旋具拧紧，接线端子如有锈蚀应予以更换；接线如有锈蚀，应剪掉锈蚀部分并镀锡后重新连接。

6. 填写记录

在《建筑消防设施维护保养记录表》上如实填写保养内容和保养结果。

三、注意事项

1. 设备保养后必须恢复到正常工作状态。
2. 擦拭过程中，要轻轻操作，避免损坏设备。
3. 抹布浸水后拧干，擦拭过程中不能有滴水现象。

要点 043 手动火灾报警按钮保养

职业功能	工作内容	技能要求	相关知识要求	分项考点	分值	总分
3 设施保养	3.1 火灾自动报警系统保养	3.1.3 能保养点型感烟（温）火灾探测器、手动火灾报警按钮及火灾警报装置等	3.1.3 点型感烟（温）火灾探测器、手动火灾报警按钮及火灾警报装置的保养方法	1. 运行环境检查	0.3	0.5
				2. 设备外观检查		
				3. 火灾报警功能测试		
				4. 表面清洁	0.2	
				5. 接线端子与接线检查		
				6. 填写记录		

一、操作准备

1. 准备旋具、清洁工具和复位钥匙等相关工具、用具。
2. 准备《建筑消防设施维护保养记录表》和签字笔。

二、操作步骤

1. 运行环境检查

检查手动火灾报警按钮周围是否有影响按钮正常运行的遮挡物，如果有应移除。检查周围环境是否有漏水情况，如有漏水应及时处理，防止弄湿设备。

2. 设备外观检查

检查按钮表面是否有污渍、划痕、磨损，如破损严重，应更换手动火灾报警按钮。按下手动火灾报警按钮，按钮火警指示灯应常亮，并将火警信息上传到火灾报警控制器上。

3. 火灾报警功能测试

测试后用复位钥匙复位手动火灾报警按钮，按钮火警指示灯恢复闪亮。

4. 表面清洁

对手动火灾报警按钮表面进行清洁，用吹尘器吹掉设备表面的浮尘，用潮湿软布轻轻擦拭表面污垢。

5. 接线端子与接线检查

检查接线端子及接线，接线端子如有松动应用旋具拧紧，接线端子如有锈蚀应予以更换；接线如有锈蚀，应剪掉锈蚀部分并镀锡后重新连接。

6. 填写记录

在《建筑消防设施维护保养记录表》上准确填写保养内容和保养结果。

三、注意事项

1. 设备保养后必须恢复到正常工作状态。
2. 擦拭过程中，要轻轻操作，避免损坏设备。
3. 抹布浸水后拧干，擦拭过程中不能有滴水现象。

要点 044 火灾警报装置保养

职业功能	工作内容	技能要求	相关知识要求	分项考点	分值	总分
3 设施保养	3.1 火灾自动报警系统保养	3.1.3 能保养点型感烟（温）火灾探测器、手动火灾报警按钮及火灾警报装置等	3.1.3 点型感烟（温）火灾探测器、手动火灾报警按钮及火灾警报装置的保养方法	1. 运行环境检查	0.3	0.5
				2. 设备外观检查		
				3. 启动功能测试		
				4. 表面清洁	0.2	
				5. 接线端子与接线检查		
				6. 填写记录		

一、操作准备

1. 准备声级计、吹尘器、旋具和清洁工具等相关工具。
2. 准备《建筑消防设施维护保养记录表》和签字笔。

二、操作步骤

1. 运行环境检查

检查火灾警报装置所处周围环境是否有漏水情况，如有漏水应及时处理，防止弄湿设备。

2. 设备外观检查

对指定区域的火灾警报装置进行外观检查，检查装置表面是否有污渍、划痕、磨损。如破损严重的，应予以更换。

103

3. 启动功能测试

在火灾报警控制器上启动该区域的火灾警报装置，该装置应发出火灾警报声和光信号，在其正前方 3m 水平处用声级计测试该报警声信号的分贝数应为 75～120dB（A 计权）。

4. 表面清洁

对火灾警报装置表面进行清洁，用吹尘器吹掉设备表面的浮尘，用潮湿软布轻轻擦拭表面污垢。

5. 接线端子与接线检查

定期检查接线端子及接线，接线端子如有松动应用旋具拧紧，如有锈蚀应予以更换；接线如有锈蚀，应剪掉锈蚀部分并镀锡后重新连接。

6. 填写记录

在《建筑消防设施维护保养记录表》上准确填写保养内容和保养结果。

三、注意事项

1. 设备保养后必须恢复到正常工作状态。
2. 擦拭过程中，要轻轻操作，避免损坏设备。
3. 抹布浸水后拧干，擦拭过程中不能有滴水现象。

要点 045　更换区域火灾报警控制器熔断器

职业功能	工作内容	技能要求	相关知识要求	分项考点	分值	总分
3 设施保养	3.1 火灾自动报警系统保养	3.1.4 能更换区域火灾报警控制器的熔断器	3.1.4 区域火灾报警控制器熔断器更换方法	1. 判断故障部位	0.1	0.5
				2. 选择并确认符合要求的熔断器备件	0.1	
				3. 更换熔断器	0.1	
				4. 确认熔断器更换是否成功	0.1	
				5. 填写记录	0.1	

一、操作准备

1. 准备新熔断器、万用表。
2. 准备绝缘手套等工作保护用品。
3. 准备《建筑消防设施故障维修记录表》和签字笔。

二、操作步骤

1. 判断故障部位

观察区域火灾报警控制器电源的工作状态。若发现区域火灾报警控制器电源处于故障状态，则应根据电源故障类型指示信息，确定拟更换的熔断器对象。

2. 选择并确认符合要求的熔断器备件

根据区域火灾报警控制器电源熔断器安装位置处标注的电流值和区域火灾报警控制器产品使用说明书要求，选择并确认符合区域火灾报警控制器工作和保护要求的对应规格的熔断器。

3. 更换熔断器

（1）断开熔断器对应的主电开关或备电开关。

（2）打开熔断器盒，取出熔断器，用万用表测试熔断器通断状态，确认熔断器已熔断后准备更换新熔断器。

（3）将准备好的新熔断器装入熔断器盒并旋（扣）紧盒盖。

（4）闭合更换前切断的电源开关，恢复区域火灾报警控制器与外部电源的连接。

4. 确认熔断器更换是否成功

在更换主电熔断器后，观察确认区域火灾报警控制器的主电欠压故障类型指示情况，"主电故障"（或"主电欠压"）信息消除则表示熔断器更换成功。

在更换备电熔断器后，观察确认区域火灾报警控制器的备电故障类型指示情况，"备电故障"相关信息消除则表示熔断器更换成功。

5. 填写记录

将更换过程及结果规范填写在《建筑消防设施故障维修记录表》上。

三、注意事项

更换熔断器时应戴好绝缘手套，避免触碰带电端子。

要点 046　消防应急灯具的清洁保养

职业功能	工作内容	技能要求	相关知识要求	分项考点	分值	总分
3 设施保养	3.2 其他消防设施保养	3.2.1 能清洁维护消防应急照明和疏散指示系统的应急灯具	3.2.1 消防应急照明灯具的保养内容和方法	1. 灯具运行环境检查	0.3	0.5
				2. 灯具外观检查		
				3. 灯具表面清洁		
				4. 灯具应急启动功能	0.2	
				5. 地面水平照度测试		
				6. 持续应急时间		
				7. 填写记录		

一、操作准备

1. 准备应急照明和疏散指示系统图、设备平面布置图、灯具地址编码表、设备的使用说明书和设计手册等技术资料。

2. 准备吸尘器、照度计、秒表、梯子、抹布、清洁剂等工具、设备及用品。

3. 准备消防鞋、安全帽、绝缘手套和安全绳等防护装备。

4. 准备《建筑消防设施维护保养记录表》和签字笔。

二、操作步骤

以灯具采用集中电源供电方式的非集中控制型系统为例,介绍灯具维护保养的操作步骤和作业要求。

1. 灯具运行环境检查

(1) 检查标志灯视线范围内、照明灯照射范围内是否存在固定或移动遮挡物。

(2) 清除标志灯视线范围内、照明灯照射范围内存在的遮挡物。

(3) 检查灯具的安装部位是否存在漏水、渗水现象，酌情报请委托方予以排除。

2. 灯具外观检查

(1) 用手感检查灯具的安装是否牢固，对松动部位予以紧固。

(2) 检查灯具的灯罩、外壳是否存在破损、变形等明显的机械损伤；如灯具有明显损伤，应报请委托方予以更换。

(3) 检查灯具的指示灯是否指示正常，对指示异常的灯具予以故障排查。

(4) 检查标志灯的标志信息是否完整，在两个相邻标志灯具之间位置，观察灯具面板的标志信息是否完整、是否可清晰辨识。标志信息不完整或不清晰可辨，应报请委托方更换灯具。

(5) 对照各防火分区、楼层的疏散指示方案，检查各标志灯的标志信息（主要是疏散方向）是否与指示方案一致。如灯具的标志信息与疏散指示方案不一致，应排查问题原因，做好记录，并按照指示方案，调整灯具标志信息或报请委托方处理。

3. 灯具表面清洁

(1) 采用吸尘器吸出灯具表面灰尘。

(2) 采用柔软布料蘸肥皂水拧干后擦拭灯罩、外壳，再用干布擦净。

4. 灯具应急启动功能

(1) 手动操作应急照明集中电源的应急启动按钮。

(2) 系统应急启动后，检查灯具光源的应急点亮情况。

(3) 系统应急启动后，如灯具的光源未能应急点亮，应初步排查故障原因，做好记录，并报请委托方进行维修，排除故障。

5. 地面水平照度测试

（1）用照度计测量灯具设置部位地面的水平照度。

（2）核查测量值是否低于规定指标。

（3）如测量值低于规定指标，应初步排查问题原因，做好记录，并报请委托方进行维修，排除故障。

6. 持续应急时间

（1）系统手动应急启动后，用秒表计时，采用巡查的方式检查维保区域内灯具的光源是否熄灭，灯具光源熄灭时停止计时。

（2）核查灯具的持续应急时间是否低于该场所规定的最小持续应急时间。

（3）如灯具的持续应急时间低于规定值，应初步排查故障原因，并报请委托方进行维修，排除故障。

7. 填写记录

在《建筑消防设施维护保养记录表》上记录维护保养情况。

三、注意事项

1. 灯具外壳清洁时，应确保抹布不能过于潮湿，如果灯具的外罩污染严重，需要深度清洁时，应断电操作，并应避免清洁剂侵入灯具线路板。

2. 灯具保养前，应确保系统保持主电源供电 24h 以上。

3. 灯具保养后，蓄电池电源已基本处于完全放电状态，须提醒委托方在维护保养后 24h 内落实消防安全管理措施。

要点 047 闭门器的保养

职业功能	工作内容	技能要求	相关知识要求	分项考点	分值	总分
3 设施保养	3.2 其他消防设施保养	3.2.2 能保养防火门的配件	3.2.2 防火门的分类及保养内容和方法	1. 重新上紧螺栓	0.1	0.5
				2. 速度调试	0.1	
				3. 加注机油	0.1	
				4. 功能测试	0.1	
				5. 填写记录	0.1	

一、操作准备

1. 熟悉保养计划和保养流程。
2. 准备旋具、机油等工具和材料。
3. 准备《建筑消防设施维护保养记录表》和签字笔。

二、操作步骤

1. 重新上紧螺栓

新安装的闭门器使用一周后，需要对安装螺栓和连接螺栓再一次拧紧，防止有未拧紧或松退的现象。对于开关门频繁的使用场所，需要每个月对闭门器的安装螺栓和连接螺栓进行检查，防止螺纹松动。

2. 速度调试

闭门器的闭门速度在出厂时虽然已调试好，但使用半个月后其关门速度可能会有轻微变化，需要再次进行微调。具体方法是旋转调速阀以调整关门速度。闭门器的关门时间建议设置为 $3\sim5s$ 为宜。

3. 加注机油

加注机油时应先拧出油孔螺钉，加油注满后再将螺钉拧紧。

4. 功能测试

（1）从任意一侧打开常闭防火门门扇，检查其开启灵活性；在门扇处于最大开启角情况下，释放门扇，观察门扇是否能自动关闭严密。

（2）按下常开防火门释放器手动按钮，释放门扇，观察门扇是否能自动关闭严密。

（3）测试完毕后，将防火门恢复至正常工作状态。

5. 填写记录

在《建筑消防设施维护保养记录表》上记录维护保养情况。

三、注意事项

1. 闭门器必须按照厂家提供的说明书进行安装，否则会影响闭门器的开关门角度、力度及其他使用性能，严重时会导致闭门器的摇臂与门扇或门框刮擦，造成门体损坏，所以闭门器的正确安装非常重要。

2. 使用闭门器时，要让闭门器自然回位，不可施加外力，特别是不可以突然施加冲击力，此动作可能会造成闭门器的损坏。

3. 闭门器如果出现漏油现象，需要将闭门器及时拆下，寄回厂家处理，不可私自将闭门器拆除或添加其他油品，以免造成不可预估的危险。

4. 由于闭门器为液压结构控制，在实际使用时，由于门体和使用环境的差异性，最好再进行速度的微调，以适合个人的需求；当使用环境温度变化较大时，也需要对闭门器的速度进行重新调试，特别是对安装在室外的闭门器，在夏季和冬季时，一定要重新调节，使之达到正常的关门时间。对于调速阀没有带止退的闭门器，不可以将调速阀旋出闭门器端面，以免调速阀崩出，造成闭门器液压系统失效。

要点 048 电磁释放器的保养

职业功能	工作内容	技能要求	相关知识要求	分项考点	分值	总分
3 设施保养	3.2 其他消防设施保养	3.2.2 能保养防火门的配件	3.2.2 防火门的分类及保养内容和方法	1. 检查螺钉	0.3	0.5
				2. 测试温升值		
				3. 添加润滑脂		
				4. 对电磁释放器进行清洁	0.2	
				5. 防火门功能测试		
				6. 填写记录		

一、操作准备

1. 熟悉保养计划和保养流程。
2. 准备旋具、润滑脂、红外测温仪等工具和材料。
3. 准备《建筑消防设施维护保养记录表》和签字笔。

二、操作步骤

1. 检查螺钉

使用一周后，检查所有的螺钉，并重新紧固一遍，后续每月进行一次。

2. 测试温升值

使用 24h 后，可使用红外测温仪检查电磁释放器的温升状况。

电磁铁部分温升应不超过常温 50℃，接线端子应不超过常温 25℃；当温升异常时应更换电磁释放器，后续每月进行一次温升检查。

3. 添加润滑脂

拆开外壳添加润滑脂，添加完毕安装外壳，拧紧螺钉。

4. 对电磁释放器进行清洁

5. 防火门功能测试

按下防火门释放器手动按钮，观察防火门是否能顺利、严密关闭，闭门信号能否传送至消防控制室防火门监控器，检查其声、光报警功能。测试完毕后，将系统恢复至正常工作状态。

6. 填写记录

在《建筑消防设施维护保养记录表》上记录维护保养情况。

三、注意事项

1. 注意操作安全。
2. 擦拭过程中要用潮湿抹布轻轻擦拭。

要点 049　顺序器的保养

职业功能	工作内容	技能要求	相关知识要求	分项考点	分值	总分
3 设施保养	3.2 其他消防设施保养	3.2.2 能保养防火门的配件	3.2.2 防火门的分类及保养内容和方法	1. 检查螺钉	0.1	0.5
				2. 检查滚轮	0.1	
				3. 加注机油	0.1	
				4. 对顺序器进行清洁和功能测试	0.1	
				5. 填写记录	0.1	

一、操作准备

1. 熟悉保养计划和保养流程。

2. 准备旋具、机油等工具和材料。

3. 准备《建筑消防设施维护保养记录表》和签字笔。

二、操作步骤

1. 检查螺钉

使用一周后，检查所有的螺钉，对固定螺钉进行加固拧紧，后续每月进行一次。

2. 检查滚轮

检查长杆上的滚轮是否活动正常。

3. 加注机油

确保连接部位润滑。

4. 对顺序器进行清洁和功能测试

（1）同时释放双、多扇防火门，观察门扇是否能实现顺序关闭，并保持严密。主门不能完全关闭时，应重点检查长杆上的滚轮是否活动正常，必要时更换顺序器，或检查闭门器的关门力是否衰减。

每个月至少一次将双扇门完全打开，先释放主门，检查主门是否受顺序器的作用保持在一固定角度静止。然后释放副门，当副门门边边沿与顺序器长杆接触时，副门是否将长杆压入并使长杆趋向于平行。此时主门应开始关闭，直至完全关闭为止。

（2）释放副门，当副门门边边沿与顺序器长杆接触时，副门如果没有将长杆压入并使长杆趋向于平行，顺时针调整调节螺钉至副门能动作为止。如果完全调节到底，副门仍没有作用，应检查长杆是否有变形，必要时更换顺序器。

（3）调节测试完毕后，使系统恢复至正常工作状态。

5. 填写记录

在《建筑消防设施维护保养记录表》上记录操作情况。

三、注意事项

1. 注意操作安全。
2. 擦拭过程中应使用潮湿抹布轻轻擦拭。

要点 050　帘面、导轨的保养

职业功能	工作内容	技能要求	相关知识要求	分项考点	分值	总分
3 设施保养	3.2 其他消防设施保养	3.2.3 能保养防火卷帘的配件	3.2.3 防火卷帘的分类及保养内容和方法	1. 检查导轨	0.3	0.5
				2. 按下启动按钮		
				3. 检查下降情况		
				4. 检查帘面及组件	0.2	
				5. 对帘面及导轨进行清洁和功能测试		
				6. 按下"上行"按钮		
				7. 填写记录		

一、操作准备

1. 熟悉保养计划、保养周期和保养内容。

2. 准备《建筑消防设施维护保养记录表》和签字笔。

二、操作步骤

1. 检查导轨

检查导轨间的间隙是否有异物，若有应予以清除。

2. 按下启动按钮

点动"下行"按钮，观察卷帘是否向下运行并保持平稳顺畅、无卡阻现象，双扇帘面下降是否同步，帘面下降到地面时是否能自动停止，关闭是否严密。

3. 检查下降情况

停止后，俯身检查卷帘底边是否与地面完全接触，是否存在过度下降情况。

4. 检查帘面及组件

检查整个帘面是否存在缝隙或破损现象，组件应齐全完好，紧固件应无松动现象，若发现卷帘帘面上有电线缠绕、打结等应及时处理。

5. 对帘面及导轨进行清洁和功能测试

6. 按下"上行"按钮

观察卷帘上升到高位时是否能正常停止。

7. 填写记录

在《建筑消防设施维护保养记录表》上记录维护保养情况。

三、注意事项

1. 操作防火卷帘运行过程中应注意安全。
2. 清洁时操作要轻，避免损坏帘面。
3. 帘面保养后必须将其恢复到正常工作状态。

要点 051　卷门机、卷轴、链条的保养

职业功能	工作内容	技能要求	相关知识要求	分项考点	分值	总分
3 设施保养	3.2 其他消防 设施保养	3.2.3 能保 养防火卷帘 的配件	3.2.3 防火 卷帘的分类 及保养内容 和方法	1. 断电保养	0.3	0.5
				2. 线路检查并维修		
				3. 测试电机		
				4. 校对开关	0.2	
				5. 手动方式检查限位		
				6. 恢复		
				7. 填写记录		

一、操作准备

1. 熟悉保养计划、保养周期和保养内容。
2. 准备维护保养用工具及润滑油。
3. 准备《建筑消防设施维护保养记录表》和签字笔。

二、操作步骤

1. 断电保养

卷门机断电，进行清洁，对行程控制器加润滑油，对卷轴、传动链条加润滑剂。

2. 线路检查并维修

检查电气线路是否损坏、运转是否正常、能否符合各项指令，

如有损坏或不符合要求时应立即检修。

3. 测试电机

对卷门机进行功能测试，现场手动、远程手动和机械应急操作防火卷帘运行，应平稳顺畅、无卡涩现象，关闭应严密。

（1）向下拉动靠近帘面的链条，检查防火卷帘是否下降；向下拉动远离帘面的链条，检查防火卷帘是否上升。

（2）机械应急操作采用扳把的，扳动把，检查其释放功能是否正常。

（3）现场按下手动控制按钮，检查防火卷帘运行是否正常。

（4）在消防控制室火灾报警控制器上远程控制防火卷帘下降，检查防火卷帘下降是否正常。

4. 校对开关

测试时，若发现帘面落不到底，应校对上下行程开关位置。

5. 手动方式检查限位

手动提升防火卷帘，检查运行是否正常、限位是否准确。

6. 恢复

测试结束后将系统恢复至正常工作状态。

7. 填写记录

在《建筑消防设施维护保养记录表》上记录操作情况。

三、注意事项

1. 防火卷帘在运行时，操作人员应注意安全。
2. 使用毛刷、电吹风机等工具清洁卷门机时，注意操作要轻。
3. 设备保养后必须将其恢复到正常工作状态。

要点 052 防火卷帘控制器、手动按钮的保养

职业功能	工作内容	技能要求	相关知识要求	分项考点	分值	总分
3 设施保养	3.2 其他消防设施保养	3.2.3 能保养防火卷帘的配件	3.2.3 防火卷帘的分类及保养内容和方法	1. 切断电源	0.1	0.5
				2. 检查组件	0.1	
				3. 清洁	0.1	
				4. 接通电源	0.1	
				5. 填写记录	0.1	

一、操作准备

1. 熟悉保养计划、保养周期和保养内容。
2. 准备《建筑消防设施维护保养记录表》和签字笔。

二、操作步骤

1. 切断电源

切断防火卷帘控制器输入电源。

2. 检查组件

检查防火卷帘控制箱内部器件和手动按钮盒，紧固接线端口、螺钉等。

3. 清洁

清洁控制箱内、表面和按钮上的灰尘污物，防止按钮卡阻而不能反弹。

4. 接通电源

保养结束后，接通电源，通过防火卷帘控制器和手动控制按钮控制防火卷帘，查看防火卷帘动作及信号反馈情况。

5. 填写记录

在《建筑消防设施维护保养记录表》上填写维修保养记录。

三、注意事项

1. 断电后再进行保养，注意安全操作。
2. 使用毛刷、电吹风机等工具清洁时，注意操作要轻。
3. 设备保养后必须将其恢复到正常工作状态。

要点 053 保养消火栓系统的管道、阀门和消火栓箱

职业功能	工作内容	技能要求	相关知识要求	分项考点	分值	总分
3 设施保养	3.2 其他消防设施保养	3.2.4 能保养消火栓系统的管道、阀门和消火栓箱体	3.2.4 消火栓系统管道、阀门和消火栓箱体的保养内容和方法	1. 观察消火栓系统管道	0.3	0.5
				2. 检查消火栓系统管道		
				3. 观察阀门是否漏水		
				4. 检查供水阀门启闭标志		
				5. 操作阀门	0.2	
				6. 检查消火栓组件		
				7. 观察消火栓周围的物品		
				8. 填写记录		

一、操作准备

1. 熟悉消防设计图样，确认消火栓系统管道、阀门及消火栓箱位置。

2. 熟悉各类消防阀门、消火栓箱的产品使用说明书。

3. 准备专用扳手、刷子、防锈漆和润滑油等。

4. 准备《建筑消防设施维护保养记录表》和签字笔。

二、操作步骤

1. 观察消火栓系统管道

若有漏水，应及时补漏或更换管道。

2. 检查消火栓系统管道

发现有锈蚀，应及时除锈、刷防锈漆。

3. 观察阀门是否漏水

若渗漏水，应及时更换密封圈。

4. 检查供水阀门启闭标志

是否处于开启状态，若处于关闭状态，应开启。

5. 操作阀门

手动操作阀门和消火栓箱栓阀转动机构，若有卡阻不灵活，应加注润滑油；若有损坏，应及时更换。

6. 检查消火栓组件

检查消防水枪、水带及消防卷盘是否齐备、无损伤，若有缺失应及时增补。

7. 观察消火栓周围的物品

若影响消火栓使用，应及时清理。

8. 填写记录

在《建筑消防设施维护保养记录表》上填写维修保养记录。

三、注意事项

1. 注意操作安全。
2. 定期观察消火栓周围的物品，保证消火栓正常使用。

要点 054　保养消防软管卷盘、
轻便消防水龙

职业功能	工作内容	技能要求	相关知识要求	分项考点	分值	总分
3 设施保养	3.2 其他消防设施保养	3.2.5 能保养消防水枪、消防水带、消防软管卷盘和轻便消防水龙	3.2.5 消防水枪、消防水带、消防软管卷盘和轻便消防水龙的保养内容和方法	1. 保养消防软管卷盘	0.2	0.5
				2. 保养轻便消防水龙	0.2	
				3. 填写记录	0.1	

一、操作准备

1. 熟悉消防设计图样，确认室内消火栓及轻便消防水龙箱位置。

2. 熟悉消防软管卷盘、轻便消防水龙的组成和产品使用说明书。

3. 准备专用扳手、刷子、防锈漆和润滑油等。

4. 准备《建筑消防设施维护保养记录表》和签字笔。

二、操作步骤

1. 保养消防软管卷盘

消防软管卷盘安装后要定期（一般半个月检查一次）检查保养。

（1）观察卷盘表面，无起层、剥落或肉眼可见的点蚀凹坑。软管外表无破损、划伤和局部隆起。枪的螺纹表面光洁、牙形完整。

（2）检查消防软管卷盘的接口，如有损坏应及时更换。

（3）在额定工作压力下进行喷射检查，检查各连接部位是否松动、软管是否老化。开启消防供水管上的阀门，检查供水管路是否有泄漏现象。

2. 保养轻便消防水龙

轻便消防水龙安装后要定期（一般半个月检查一次）检查保养。

（1）检查水带、接口及水枪外观质量，应符合要求。

（2）按照检测要求检查轻便消防水龙的接口，如有损坏应及时更换。

（3）检查喷枪的开关，"开"与"关"的转换应灵活、无卡阻，若有卡阻应加注润滑油。

（4）对不同类型轻便消防水龙在不同工作压力下进行喷射检查，检查各连接部位是否松动、软管是否老化，若有应及时更换。

（5）开启供水管上的阀门，检查供水管路是否有泄漏现象，若有应及时维修补漏。

3. 填写记录

在《建筑消防设施维护保养记录表》上填写维修保养记录。

三、注意事项

注意操作安全。

要点 055　消防水泵接合器的检查保养

职业功能	工作内容	技能要求	相关知识要求	分项考点	分值	总分
3 设施保养	3.2 其他消防设施保养	3.2.6 能保养消防水泵接合器、消防水箱和消防水池	3.2.6 消防水泵接合器、消防水箱和消防水池的保养内容和方法	1. 外观检查	0.3	0.5
				2. 检查标志		
				3. 检查组件的安装次序		
				4. 检查设施位置		
				5. 清除障碍物	0.2	
				6. 检查保温措施		
				7. 填写记录		

一、操作准备

1. 熟悉消防设计图样，确认消防水泵接合器设置位置。

2. 熟悉消防水泵接合器安装顺序、消防水泵接合器组件产品使用说明书。

3. 准备专用维修工具扳手、刷子、防锈漆、润滑油等。

4. 准备《建筑消防设施维护保养记录表》和签字笔。

二、操作步骤

1. 外观检查

观察水泵接合器的铸铁件表面是否光滑，若有锈蚀，应及时除锈并涂刷防锈漆；检查接合器铸铜件表面有无严重的砂眼、气孔、渣孔、缩松、氧化夹渣、裂纹、冷隔和穿透性缺陷，若有应及时更换。

2. 检查标志

观察接合器处是否设置永久性标志铭牌，并标明供水系统、供水范围和额定压力，若无应及时补充。

3. 检查组件的安装次序

检查接合器是否按接口、本体、连通管、止回阀、安全阀、放空管、控制阀的顺序进行安装，止回阀的安装方向应注意保证消防用水从接合器进入系统，若不正确须及时上报。

4. 检查设施位置

检查接合器设置位置是否方便取用，若不方便，应及时上报。

5. 清除障碍物

及时清除地上式水泵接合器周围或地下式水泵接合器井内的垃圾、杂物等妨碍使用的物品。

6. 检查保温措施

检查寒冷地区地下式水泵接合器井内是否采用可靠的保温措施。

7. 填写记录

在《建筑消防设施维护保养记录表》上填写维护保养记录。

要点 056 消防水池、高位消防水箱的保养

职业功能	工作内容	技能要求	相关知识要求	分项考点	分值	总分
3 设施保养	3.2 其他消防设施保养	3.2.6 能保养消防水泵接合器、消防水箱和消防水池	3.2.6 消防水泵接合器、消防水箱和消防水池的保养内容和方法	1. 检查阀门启闭状态	0.1	1
				2. 观察水管腐蚀程度	0.1	
				3. 观察连接处情况		
				4. 观察水箱表面腐蚀情况	0.1	
				5. 观察液位计	0.1	
				6. 检查通气孔及防虫网	0.1	
				7. 检查水箱爬梯	0.1	
				8. 检查锁具	0.1	
				9. 打开泄水阀	0.1	
				10. 测量环境温度	0.1	
				11. 观察水箱内杂物	0.1	
				12. 填写记录		

一、操作准备

1. 熟悉消防设计图样，确认消防水池、高位消防水箱的位置。

2. 熟悉消防水池、高位消防水箱组成，熟悉各阀门、设备的产品使用说明书。

3. 准备温度计、专用扳手、刷子、防锈漆和润滑油等。

4. 准备《建筑消防设施维护保养记录表》和签字笔。

二、操作步骤

1. 检查阀门启闭状态

检查消防水池、高位消防水箱上各类供水阀门是否处于正常开启工作状态，若关闭，应及时开启阀门。

2. 观察水管腐蚀程度

观察钢筋混凝土消防水池的进水管、出水管防水套管是否锈蚀、渗漏。若锈蚀，应及时除锈并涂刷防锈漆；若有渗漏，应及时上报维修。

3. 观察连接处情况

观察钢板等制作的消防水箱的进出水管道法兰连接是否稳固，有振动的管道的柔性接头若有松动、破裂，应使用专用扳手紧固或更换。

4. 观察水箱表面腐蚀情况

观察高位消防水箱表面、进水管、出水管接头处是否锈蚀，若有锈蚀，应及时除锈并涂刷防锈漆。

5. 观察液位计

观察消防水池（水箱）的水位计显示是否正常，若有损坏，及时维修更换。

6. 检查通气孔及防虫网

检查消防水池（水箱）设置通气管或呼吸管防虫网是否锈蚀、损坏。若有锈蚀，应及时除锈并涂刷防锈漆；若有损坏，应及时更换。

7. 检查水箱爬梯

是否腐蚀、脱落，若有应及时上报维修。

8. 检查锁具

观察消防水池（水箱）的人孔以及进、出水管阀门等所采取的锁具或门箱等保护措施是否完好，若有损坏应及时上报维修。

9. 打开泄水阀

打开消防水池（水箱）泄水管上的泄水阀，观察进水阀能否正常补水，若不能，应及时上报维修更换。

10. 测量环境温度

用测温计测量消防水池（水箱）间环境温度，应不低于5℃。

11. 观察水箱内杂物

观察消防水池（水箱）间内是否有妨碍使用的杂物，若有应及时清除。

12. 填写记录

在《建筑消防设施维护保养记录表》上填写维护保养记录。

三、注意事项

注意操作安全。

要点 057　灭火器及其安装配件的维护保养

职业功能	工作内容	技能要求	相关知识要求	分项考点	分值	总分
3 设施保养	3.2 其他消防设施保养	3.2.7 能清洁维护灭火器外表，更换保养灭火器挂钩、托架和灭火器箱	3.2.7 灭火器外表、挂钩、托架和灭火器箱的保养内容和方法	1. 保养灭火器	0.1	0.5
				2. 保养灭火器箱	0.1	
				3. 保养挂钩、托架	0.1	
				4. 保养落地托架	0.1	
				5. 填写记录	0.1	

一、操作准备

1. 准备吸尘器、压缩空气喷枪等清洁工具。

2. 准备一些合适的洁净剂和不合适的洁净剂。

3. 准备一些不同类型和不同灭火级别的用于替补的灭火器。

4. 准备灭火器设计配置图。

5. 准备《建筑消防设施维护保养记录表》、灭火器保养记录卡和签字笔。

二、操作步骤

1. 保养灭火器

（1）在设计指定的安装位置，从安装灭火器的配件中或地面上取得灭火器，若发现灭火器缺失应及时找回。

(2) 对外观检查合格的灭火器用干抹布或压缩空气喷枪除去表面灰尘，若有污垢可用湿布清洗，但不能使用有腐蚀性的化学溶剂。

(3) 转动推车式车轮进行润滑，必要时，加注润滑剂。

(4) 检查喷嘴、喷射软管组件、推车喷枪等零部件的连接螺纹是否松动，若松动应使用专用工具旋紧。

(5) 检查推车式灭火器筒体（或瓶体）与车架连接是否松动，若松动应使用专用工具加固。

(6) 将清洁干净和处理完毕的灭火器返回原设计指定的配置位置，按原安装设置的方式放置，并将灭火器的操作铭牌朝外；推车式灭火器返回放置应确保不会自行滑动。

(7) 对于因检查发现灭火器存在缺陷，被送维修而造成灭火器空缺的，应及时在原指定的位置做好替代补充。

(8) 对于因缺失且无法找回的灭火器，应及时在原指定的位置按配置规定添补相同类型的灭火器。

(9) 检查安装设置在室外的灭火器的防雨和防晒等保护措施，若保护构件有损坏，应及时维修或更换。

(10) 检查安装设置在可能超出灭火器使用温度范围场所的灭火器的保护措施，若保护构件已损坏，应及时修复，或按原设计要求进行更换。

(11) 按配置文件检查特殊场所中灭火器的保护措施，若保护构件已损坏，应及时修复，或按原设计要求进行更换。

(12) 检查灭火器箱、固定挂钩、固定挂架、落地托架和灭火器周围是否存在障碍物、遮挡物和锁具等影响取用灭火器的现象，若存在应立即清除。

2. 保养灭火器箱

(1) 取出箱内灭火器后，用吸尘器清除箱内灰尘，并进行干燥处理，用抹布将箱体表面擦洗干净。

(2) 按灭火器箱门或翻盖的开启方式、开启闭合数次，检查其灵活性，必要时对转动部件加注润滑剂进行润滑。

（3）对箱门和翻盖的开启角度，应使用专用量具进行检查。

（4）对于损坏且不可修复使用的灭火器箱，按原结构尺寸进行更换。

（5）放置在箱内的手提式灭火器，提把方向应一致向右。

3. 保养挂钩、挂架

（1）检查挂钩或挂架的固定是否松动，若发现松动，应及时加固或重新安装固定。

（2）反复装卸几次灭火器，检查夹持装置是否能起到应有的夹持或解除作用，若失去作用，应及时按原型号更换。

（3）用干抹布或压缩空气喷枪除去挂钩或挂架表面上的灰尘。

4. 保养落地托架

（1）用干抹布或压缩空气喷枪除去表面灰尘，若有污垢可用湿布清洗，但不能使用有腐蚀性的化学溶剂。

（2）若托架缺失或已损坏，应及时按原型号添补或更换。

5. 填写记录

在《建筑消防设施维护保养记录表》上填写维护保养记录。

三、注意事项

1. 操作时不可损伤灭火器、灭火器保险装置和封记。

2. 操作时不能误操作灭火器。一旦误操作，即刻关闭灭火器阀门。如开启过的阀门不能完全封闭，可将灭火器平放，使其自动泄漏泄压。泄压时不得将喷嘴朝向人喷放。

第二篇

中级消防设施监控方向

要点 001 区分集中火灾报警控制器、消防联动控制器和消防控制室图形显示装置

职业功能	工作内容	技能要求	相关知识要求	分项考点		分数	总分
1 设施监控	1.1 设施巡检	1.1.1 能区分集中火灾报警控制器、消防联动控制器和消防控制室图形显示装置	1.1.1 集中火灾报警控制器、消防联动控制器和消防控制室图形显示装置	1. 集中火灾报警控制器	组成	0.5	4
					功能	0.5	
				2. 消防联动控制器	组成	0.5	
					功能	1	
				3. 消防控制室图形显示装置	组成	0.5	
					功能	1	

一、操作准备

熟悉火灾自动报警系统（集中火灾报警控制器、消防联动控制器和消防控制室图形显示装置）。

二、操作步骤

1. 集中火灾报警控制器

（1）集中火灾报警控制器的组成：显示板（含显示屏）、指示灯、开关和按钮、打印机、主板、输入/输出控制板、音响器件、网络接口组件、电源装置（含电池）、外壳等器件。

（2）集中火灾报警控制器的功能：火灾报警功能、火灾报警控制功能、故障报警功能、自检功能、信息显示与查询功能、电源功能、系统兼容功能、软件控制功能。

2. 消防联动控制器

（1）消防联动控制器的组成：主板、直接手动控制单元（多线控制盘）、总线控制盘、指示灯、音响器件、回路板、接口组件、电源装置（含电池）、外壳等部分。

（2）消防联动控制器的功能：控制功能、故障报警功能、自检功能、信息显示与查询功能。

3. 消防控制室图形显示装置

（1）消防控制室图形显示装置的组成：

① 硬件。计算机主机（含 CPU、内存、显卡、串行口等）、硬盘、喇叭、液晶显示器、外壳等。

② 软件。消防控制室图形显示装置内所装软件要符合《消防控制室图形显示装置软件通用技术要求》（XF/T 847）中规定的显示、操作、信息记录、信息传输和维护等要求。

（2）消防控制室图形显示装置的功能：图形显示功能，火灾报警和联动状态显示功能，故障状态显示，通信故障报警功能，信息记录功能。

要点 002 判定火灾自动报警系统工作状态（职业标准）

职业功能	工作内容	技能要求	相关知识要求	分项考点	分数	总分
1 设施监控	1.1 设施巡检	1.1.2 ★ 能判定火灾自动报警系统工作状态	1.1.2 火灾自动报警系统工作状态的判断方法	1. 主备电工作状态	0.5	4.5
				2. 火警指示状态	0.5	
				3. 设备反馈指示状态	0.5	
				4. 设备启闭指示状态	0.5	
				5. 消音状态	0.5	
				6. 屏蔽状态	0.5	
				7. 系统故障状态	0.5	
				8. 主备电源故障状态	0.5	
				9. 通信故障状态	0.5	

一、操作准备

熟悉火灾自动报警系统——消防联动控制器。

二、操作步骤

1. 主备电工作（绿色）

2. 火警指示（红色）

3. 设备反馈（红色）

4. 设备启闭（红色）

5. 消音（红色、泰合安）

6. 屏蔽（黄色）

7. 系统故障（黄色）

8. 主备电源故障（黄色）

9. 通信故障（黄色、海湾）

要点 003　检查火灾自动报警系统控制器电源的工作状态

职业功能	工作内容	技能要求	相关知识要求	分项考点	分数	总分
1 设施监控	1.1 设施巡检	1.1.3 检查火灾自动报警系统控制器电源的工作状态	1.1.3 火灾自动报警系统控制器电源的工作状态的检查方法	1. 主电正常	1	4
				2. 主电故障	1	
				3. 备电正常	1	
				4. 备电故障	1	

一、操作准备

熟悉火灾自动报警系统——消防联动控制器。

二、操作步骤

1. 观察主电工作状态

（1）正常状态：主电工作指示灯（绿色）点亮，控制器由AC220V电源供电工作。

（2）故障状态：主电工作指示灯熄灭，控制器主电工作指示灯灭、故障指示灯（黄色）点亮（海湾）。

2. 观察备电工作状态

正常状态：主电工作正常时，备用电源不工作，备电工作指示灯熄灭；主电断电时，备电工作指示灯点亮（绿色）。

故障状态：当备用电源出现故障时，控制器备电故障，指示灯（黄色）、公共故障指示灯（黄色）点亮（显示屏显示详细信息）。

要点 004　判断自动喷水灭火系统工作状态

职业功能	工作内容	技能要求	相关知识要求	分项考点	分数	总分
1 设施监控	1.1 设施巡检	1.1.4 ★判断自动喷水灭火系统工作状态	1.1.4 自动喷水灭火系统工作状态的判断方法	1. 消防供水设施的工作状态	1	4
				2. 报警阀组的工作状态	1	
				3. 管网及附件的工作状态	1	
				4. 消防泵组的工作状态	1	

一、操作准备

1. 熟悉自动喷水灭火系统火灾自动报警及联动控制系统。

2. 准备秒表声级计等检查测试工具。

3. 准备系统设计文件、竣工验收资料、《建筑消防设施巡查记录表》等。

二、操作步骤

1. 检查判断消防供水设施的工作状态

自动喷水灭火系统工作状态的检查判断可以沿水流方向依序进行，以湿式系统为例，其操作步骤如下：

（1）检查消防供水设施组件的齐全性、外观、完整性、系统和组件标志。

（2）检查就地水位显示装置，核算有效储水量（液位计）。

（3）检查各支路及气压罐压力表、指示进出水等管路阀门的启闭状态和锁定情况。

（4）检查消防泵组电气控制柜，手/自动转换开关应处于自动位置。

（5）测试消防泵组手动启停功能和稳压泵自动启停功能。

2. 检查判断报警阀的工作状态

（1）检查报警阀组件的齐全性和外观完整性。

（2）检查各管路阀门启闭状态和各处压力表指示。

（3）测试报警阀、延迟器、压力开关和水力警铃的动作情况（开试水阀又叫泄水阀）。

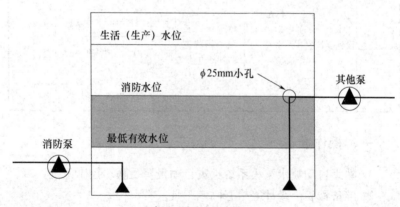

生活、消防合用水池

正常工况下报警阀组各控制阀门启闭状态：

●泄水阀：常闭，报警阀试验时打开。

●报警管路控制阀：常开。

●警铃试验阀：常闭，警铃试验时打开。

●水源侧管路控制阀：敞开。

3. 检查判断系统管网及附件、系统侧管路控制阀和洒水喷头的工作状态

（1）检查组件的齐全性和外观完整性。

（2）检查分区管路控制阀开启状态（每层信号阀）。

（3）检查洒水喷头选型、外观和设置情况。

（4）测试水流指示器功能。

4. 检查判断水流指示器末端试水装置工作状态

（1）检查末端试水装置组件的齐全性和外观完整性。

（2）检查工作环境和排水设施设置情况。

（3）测试末端试水装置功能。

5. 记录系统检查情况

规范填写《建筑消防设施巡查记录表》。

三、注意事项

1. 消防泵组功能检查应通过试水管路进行。

2. 报警阀、压力开关、水力警铃的检查，宜与末端试水装置的检查合并进行，当利用报警阀、泄水阀进行检查时，系统侧管路控制阀宜关闭，检查完毕后恢复开启状态。

3. 检查测试过程中，如遇异常振（抖）动或声响，检查部位处的压力、水流等表征不符合预期时，应中断检查和设备运行，排查原因，修复问题，严禁带"病"运行。

要点 005　判定防排烟系统的工作状态

职业功能	工作内容	技能要求	相关知识要求	分项考点	分数	总分
1 设施监控	1.1 设施巡检	1.1.5 ★ 能判断防排烟系统工作状态	1.1.5 防排烟系统工作状态的判断方法	1. 风机、控制柜的工作状态	1	4
				2. 测试风机的手动启动功能	1	
				3. 排烟防火阀的工作状态	1	
				4. 送风（排烟）口工作状态	1	

一、操作准备

1. 熟悉机械防烟系统、机械排烟系统、火灾自动报警及联动控制系统。

2. 准备钢卷尺、梯具、火灾探测器测试工具等。

3. 准备系统设计文件、竣工验收资料、《建筑消防设施巡查记录表》等。

二、操作步骤

1. 检查判断防排烟系统风机及电气控制柜的工作状态

（1）检查送风系统进风口和排烟系统排烟出口处工作环境（室外）。

146

（2）检查防烟（排烟）风机组件的齐全性和外观完整性、系统和组件标志。

（3）检查电气控制柜的供电状态，手/自动转换开关平时应处于自动位置。

（4）测试风机手动启停。

2. 检查判断防排烟系统管道的工作状态

（1）检查风管外观和连接部件的完整性；

（2）检查管道穿越隔墙处的缝隙及送风道（防火泥），检查排烟管道隔热材料及与可燃物之间的距离；

（3）检查垂直风管与每层水平风管交界处的水平管道上，一个排烟系统负担多个防烟分区的排烟支管上、排烟风机入口处及管道穿越防火分区处排烟防火阀的设置和安装情况（稳定情况距离间距）。

3. 检查判断排烟防火阀的工作状态

（1）检查排烟防火阀组件的齐全性和外观完整性。

（2）检查排烟防火阀的箭头。

（3）检查排烟防火阀的执行机械部件（0.8～1.5m）。

（4）测试排烟防火阀的现场关闭功能和复位功能。

4. 检查判断送风（排烟）口工作状态

（1）检查送风（排烟）口的齐全性和外观完整性。

（2）测试送风（排烟）口的安装质量。

（3）检查板式排烟口远程控制执行器（也称远距离控制执行器）的设置情况。

（4）检查执行器的手动操控性能和信号反馈情况。

（5）检查系统的连锁（关排烟 280℃→风机）和联动（开风口→主机-模块-风机控制机柜→风机）控制功能。

5. 记录系统检查情况

填写《建筑消防设施检测记录表》。

要点 006　判断电气火灾监控系统的工作状态

职业功能	工作内容	技能要求	相关知识要求	分项考点	分数	总分
1 设施监控	1.1 设施巡检	1.1.6 能判断电气火灾监控系统的工作状态	1.1.6 电气火灾监控系统工作状态的判断方法	1. 电气火灾监控系统的组成	0.5	5
				2. 电气火灾监控系统的功能	0.5	
				3. 电气火灾监控系统的主电源工作状态	1	
				4. 电气火灾监控系统的备电源工作状态	1	
				5. 电气火灾监控系统的火警状态	1	
				6. 电气火灾监控系统的故障状态	1	

一、操作准备

1. 熟悉电气火灾监控系统。

2. 准备《建筑消防设施巡查记录表》。

二、操作步骤

1. 电气火灾监控系统的组成

电气火灾监控设备、剩余电流式电气火灾监控探测器、测温式电气火灾监控探测器、故障电弧探测器、图形显示装置。

2. 电气火灾监控系统的功能

(1) 监控报警：10s。

(2) 故障报警：100s。

(3) 自检。

3. 电气火灾监控系统的主电源工作状态

关闭电气火灾监控设备的主电源，识别、查看并记录电气火灾监控设备的状态，监控器是否有主电故障事件，同时主电故障灯点亮、备电工作灯点亮。通过指示灯、文字等信息能够判断出电气火灾监控设备处于备电工作、主电故障状态。

4. 电气火灾监控系统的备电源工作状态

关闭电气火灾监控设备备用电源，识别、查看并记录电气火灾监控设备的状态，监控器是否有备电故障事件，同时备电故障灯点亮、主电工作灯点亮。通过指示灯、文字等信息能够判断出电气火灾监控设备处于主电工作、备电故障状态。

5. 电气火灾监控系统的火警状态

使电气火灾监控探测器发出报警信号，识别、查看并记录电气火灾监控设备的状态，监控器应有报警事件发生并具有发生时间、具体发生位置。通过指示灯、文字等信息能够判断出电气火灾监控设备处于报警指示状态。

6. 电气火灾监控系统的故障状态

断开电气火灾监控设备和电气火灾监控探测器之间的连接件，识别、查看并记录电气火灾监控设备的状态，监控器应有故障事件发生并有具体发生时间、具体发生位置。通过指示灯、文字等信息能够判断出电气火灾监控设备处于系统故障、通信故障状态。

7. 记录检查测试情况

填写《建筑消防设施巡查记录表》。

要点 007　判断可燃气体探测报警系统的工作状态

职业功能	工作内容	技能要求	相关知识要求	分项考点	分数	总分
1 设施监控	1.1 设施巡检	1.1.7 能判断可燃气体探测报警系统的工作状态	1.1.7 可燃气体探测报警系统工作状态的判断方法	1. 可燃气体探测报警系统的组成	0.5	3
				2. 可燃气体探测报警系统的功能	0.5	
				3. 可燃气体探测报警系统的主电源工作状态	0.5	
				4. 可燃气体探测报警系统的备电源工作状态	0.5	
				5. 可燃气体探测报警系统的火警状态	0.5	
				6. 可燃气体探测报警系统的故障状态	0.5	

一、操作准备

1. 熟悉可燃气体探测报警系统。
2. 准备《建筑消防设施巡查记录表》。

二、操作步骤

1. 可燃气体探测报警系统的组成

可燃气体报警控制器、可燃气体探测器、图形显示装置和火灾声光警报器等。

2. 可燃气体探测报警系统的功能

（1）监控；

（2）报警；

（3）故障报警。

3. 可燃气体探测报警系统的主电源工作状态

关闭可燃气体报警控制器的主电源，可燃气体报警控制器报有主电故障事件，同时主电工作灯熄灭（总故障灯亮）、备电正常指示灯不变。通过指示灯、文字等信息能够判断出可燃气体报警控制器处于备电工作、主电故障状态。

4. 可燃气体探测报警系统的备电源工作状态

关闭可燃气体报警控制器的备用电源，可燃气体报警控制器报有备电故障事件，同时备电指示灯熄灭、主电工作灯不变。通过指示灯、文字等信息能够判断出可燃气体报警控制器处于主电工作、备电故障状态。

5. 可燃气体探测报警系统的火警状态

使可燃气体探测器发出报警信号，可燃气体报警控制器应有报警事件发生，并有具体发生时间、具体发生位置。通过指示灯文字等信息能够判断出可燃气体报警控制器处于报警指示状态。

6. 可燃气体探测报警系统的故障状态

断开可燃气体报警控制器和点型可燃气体探测器之间的连接线，可燃气体报警控制器应有故障事件发生，并有具体发生时间、具体发生位置。通过指示灯、文字等信息能够判断出可燃气体报警控制器处于系统故障、通信故障状态等。

7. 记录检查测试情况

填写《建筑消防设施巡查记录表》。

要点 008 判断消防设备末端配电装置的工作状态（职业标准）

职业功能	工作内容	技能要求	相关知识要求	分项考点	分数	总分
1 设施监控	1.1 设施巡检	1.1.8 能判断消防设备末端配电装置的工作状态	1.1.8 消防设备末端配电装置的分类、工作原理和工作状态的检查方法	1. 消防设备末端配电装置的分类	0.5	3.5
				2. 消防设备末端配电装置的工作原理	1	
				3. 消防设备末端配电装置的"自动"控制状态	1	
				4. 消防设备末端配电装置的备电源工作状态	0.5	
				5. 消防设备末端配电源装置的主电源工作状态	0.5	

一、操作准备

1. 消防设备末端配电装置（双电源互投）。
2. 《建筑消防设施巡查记录表》。
3. 绝缘手套、绝缘靴等个人电器安全防护用品、检修栅栏等。

二、操作步骤

1. 消防设备末端配电装置的分类

2. 消防设备末端配电装置的工作原理

消防设备电源末端切换就是消防设备的两个电源相互切换，互为备用电源的一种供电形式，其中一个作为主电源，另一个作为备用电源。当主电源损坏或故障时，备用电源通过末端切换装置自动投入使用；当备用电源损坏或故障时，主电源故障排除后，通过末端切换装置又切换到主电源供电形式。

3. 消防设备末端配电装置的"自动"控制状态

将双电源自动转换开关的自动/手动开关置于自动位置，则双电源自动转换开关进入自动控制状态，此时内部电动机将转动使第1路电源合闸，常用电源处于工作状态——1号电源指示灯、1号电源合闸指示灯、2号电源指示灯点亮。

4. 消防设备末端配电装置的备电源工作状态

切断消防设备末端配电装置主电源，识别、查看并记录消防设备末端配电装置的状态，此时1号电源指示灯应熄灭、1号合闸指示灯熄灭，同时2号电源合闸指示灯点亮。通过指示灯能够判断出消防设备末端配电装置处于备电工作状态。

5. 消防设备末端配电装置的主电源工作状态

开启主电源，识别、查看并记录消防设备末端配电装置的状态，此时2号电源指示灯应熄灭、1号电源指示灯点亮，同时1号电源合闸指示灯点亮。通过指示灯能够判断出消防设备末端配电装置处于主电工作状态。

6. 记录检查测试情况

填写《建筑消防设施巡查记录表》。

要点 009　区分集中火灾报警控制器的火警、联动、监管、屏蔽隔离和故障报警信号

职业功能	工作内容	技能要求	相关知识要求	分项考点	分数	总分
1 设施监控	1.2 报警信息处置	1.2.1 能区分集中火灾报警控制器的火警、联动、监管、屏蔽隔离和故障报警信号	1.2.1 集中火灾报警控制器的报警功能和判断方法	1. 火警状态识别、信息确认	0.8	4
				2. 联动触发状态（触发双信号）识别、信息确认	0.8	
				3. 监管状态识别、信息确认	0.8	
				4. 屏蔽状态识别、信息确认	0.8	
				5. 故障状态识别、信息确认	0.8	

一、操作准备

1. 熟悉集中火灾自动报警系统模型。
2. 准备《消防控制室值班记录表》。

155

二、操作步骤

1. 火警状态识别、信息确认

触发火灾报警触发器件发出火灾报警信号，使集中火灾报警控制器处于火警状态。常用火灾报警触发设备有烟感温感探测器、手动报警按钮、红外火焰探测器等。（观察火警显示屏及灯键指示板上的火警指示灯点亮，读出火警信息。）

2. 联动触发状态（触发双信号）识别、信息确认

触发双信号，使集中火灾报警控制器根据预定的控制逻辑向相关消防联动，控制装置发出控制信号。（观察火警显示屏及灯键指示板上的联动请求指示灯点亮，读出联动请求信息。常用火灾联动设备有风机、水泵、切电模块、排烟系统、卷帘门等。）

3. 监管状态识别、信息确认

触发火灾监管设备，向集中火灾报警控制器发出监管信号。（观察火警显示屏及灯键指示板上的监管指示灯点亮，读出监管信息。常用火灾监管设备有压力开关、水流指示器、信号蝶阀等。）（011007 压力开关层版）

4. 屏蔽状态识别、信息确认

预先在集中火灾报警控制器上对某件或某几件火灾探测器或模块等设备设置屏蔽。（观察火警显示屏及灯键指示板上的屏蔽指示灯点亮，读出屏蔽信息。）

5. 故障状态识别、信息确认

断开集中火灾报警控制器和火灾探测器之间的连线，使集中火灾报警控制器处于故障状态。（观察火警显示屏及灯键指示板上的故障指示灯点亮，读出故障信息。）

6. 记录以上读出信息并规范填写《消防控制室值班记录表》

要点 010　通过集中火灾报警控制器和消防控制室图形显示装置查看报警信息确定报警位置

职业功能	工作内容	技能要求	相关知识要求	分项考点	份数	总分
1 设施监控	1.2 报警信息处置	1.2.2 ★ 能通过集中火灾报警控制器、消防控制室图形显示装置查看报警信息，确定报警位置	1.2.2 集中火灾报警控制器、消防控制室图形显示装置的信息查询方法	1. 查看火警信息、报警编号和位置名称	1	4
				2. 查看监管信息、监管编号和位置名称	1.5	
				3. 查看消防控制室图形显示装置的火警和故障信息、报警编号和位置名称	1.5	

一、操作准备

1. 熟悉集中火灾自动报警系统模型、消防控制室图形显示装置。
2. 准备《建筑消防设施巡查记录表》《消防控制室值班记录表》。

二、操作步骤

1. 查看火警信息、报警编号和位置名称

在集中火灾报警控制面板显示屏右侧的信息显示列表上查看火警信息，可以同时看到报警编号和位置名称。

2. 查看监管信息、监管编号和位置名称

在集中火灾报警控制器控制面板的显示屏上找到火警监管图标，点击图标显示火警监管信息。点击显示屏第 1 栏火警监管后面的"点此切换"，查看所有的火警信息和报警位置。

3. 查看消防控制室图形显示装置的火警和故障信息、报警编号和位置名称

找到消防控制室图形显示装置，在楼层平面图中找到报警位置和编号，并查看下方的火警状态信息，看到火警信息标识是否显示红色，信息栏中有没有显示报警详细信息。

4. 记录检查测试情况

规范填写《建筑消防设施巡查记录表》和《消防控制室值班记录表》。

要点 011 集中火灾报警控制器、消防联动控制器的手/自动切换

职业功能	工作内容	技能要求	相关知识要求	分项考点	分数	总分
2 设施操作	2.1 火灾自动报警系统操作	2.1.1 能切换集中火灾报警控制器、消防联动控制器工作状态	2.1.1 集中火灾报警控制器、消防联动控制器工作状态的调整方法	1. 切换控制器的工作状态（手动状态转自动状态）	0.5	2.5
				2. 切换控制器的工作状态（手动状态转自动状态）	0.5	
				3. 切换控制器的工作状态（自动状态转手动状态）	0.5	
				4. 观察指示灯确认	0.5	
				5. 复位报警控制器	0.5	

一、操作准备

1. 熟悉集中火灾自动报警系统模型、相关联动设备。

2.《建筑消防设施巡查记录表》。

二、操作步骤

1. 切换控制器的工作状态（手动状态转自动状态）

切换控制器的工作状态，并指出对应的特征变化（显示屏、指示灯特征）（手动允许时，自动指示灯不亮）。（海湾）

159

2. 切换控制器的工作状态（自动状态转手动状态）

切换控制器的工作状态，并指出对应的特征变化（显示屏、指示灯特征）（自动允许时，自动允许指示灯点亮）。

3. 记录检查测试情况

填写《建筑消防设施巡查记录表》。

要点 012　通过集中火灾报警控制器、消防联动控制器判别现场消防设备的工作状态

职业功能	工作内容	技能要求	相关知识要求	分项考点	分数	总分
2 设施操作	2.1 火灾自动报警系统操作	2.1.2 能通过集中火灾报警控制器、消防联动控制器判别现场消防设备的工作状态	2.1.2 集中火灾报警控制器、消防联动控制器查看现场消防设备工作状态的方法	1. 查看系统工作状态	0.5	2.5
				2. 查看现场消防设备所在的回路号	0.5	
				3. 根据指示筛选设备	0.5	
				4. 辨识并指出现场消防设备的工作状态	0.5	
				5. 复位	0.5	

一、操作准备

1. 熟悉集中火灾自动报警系统模型、消防联动控制器、消防设备。

2.《建筑消防设施巡查记录表》。

二、操作步骤

1. 查看系统工作状态

通过集中火灾报警控制器、消防联动控制器的电源，检查确认

161

集中火灾报警控制器、消防联动控制器处于正常工作（监视）状态，显示屏、指示灯，系统工作状态自检、复位、消音、扬声器应正常。（做复位操作）

2. 查看现场消防设备所在的回路号

确认需要查看工作状态的现场消防设备所在的回路号和地址号。

3. 根据指示筛选设备

进入设备查看界面，根据现场消防设备类型、回路号、地址号进行筛选。（设备检查）

4. 辨识并指出现场消防设备的工作状态

5. 复位

操作试验后将系统恢复到正常工作状态。

6. 记录检查测试情况

填写《建筑消防设施巡查记录表》。

要点 013　通过集中火灾报警控制器、消防控制室图形显示装置查询历史信息

职业功能	工作内容	技能要求	相关知识要求	分项考点	分数	总分
2 设施操作	2.1 火灾自动报警系统操作	2.1.3 能通过集中火灾报警控制器、消防控制室图形显示装置查询历史信息	2.1.3 集中火灾报警控制器、消防控制室图形显示装置查询历史信息的查询方法	1. 确认正常工作状态	0.5	3
				2. 火灾报警控制器信息查询	0.5	
				3. 在图形显示装置上查询（指定）的历史记录信息	1	
				4. 复位	0.5	
				5. 记录	0.5	

一、操作准备

1. 熟悉集中火灾自动报警系统模型、消防控制室图形显示装置。

2. 准备《建筑消防设施巡查记录表》。

二、操作步骤

1. 确认正常工作状态

接通集中火灾报警控制器、消防控制室、图形显示装置的电

源，检查确认集中火灾报警控制器、消防控制室图形显示装置处于正常工作监视状态。

2. 火灾报警控制器信息查询

进入集中火灾报警控制器历史查询界面，查看控制器上反映的历史信息。

3. 在图形显示装置上查询（指定）的历史记录信息

进入消防控制室图形显示装置历史记录查询界面，查看显示装置上都反映了哪些历史记录信息，通过历史记录组合筛选的方式，查询所需要的历史记录信息。

4. 复位

操作实验后将系统恢复到正常监视状态。

5. 记录检查测试情况

填写《建筑消防设施巡查记录表》。

要点 014 操作总线控制盘

职业功能	工作内容	技能要求	相关知识要求	分项考点	分数	总分
2 设施操作	2.1 火灾自动报警系统操作	2.1.4★能通过总线式消防联动控制器启动警报装置，手动启动加压送风口，加压送风机排烟阀，排烟机，释放防火卷帘，关闭常开型防火门，切断非消防电源，迫降电梯	2.1.4 总线式消防联动控制器的手动操作方法	1. 确认总线控制盘电源工作状态	0.5	3
				2. 确认为手动允许状态	0.5	
				3. 找到对应启动单元	0.5	
				4. 启动设备及叙述启动及反馈信息	1	
				5. 恢复初始状态	0.5	

一、操作准备

1. 熟悉总线控制盘。

2. 准备火灾自动报警系统图、设置火灾自动报警系统的建筑平面图、消防设备联动逻辑说明或设计说明、设备使用说明书、《建筑消防设施巡查记录表》。

二、操作步骤

1. 确认总线控制盘电源工作状态

打开电源开关，接通电源后，总线控制盘工作运行指示灯应处于点亮状态（海湾无）。

2. 确认为手动允许状态

如果面板设有手动锁，操作前要通过面板钥匙将手动工作模式操作权限切换至允许状态，这时允许指示灯点亮。

3. 找到对应启动单元

对照消防设备地址码与编码位置表，在总线控制盘上查找到控制该防火卷帘的手动控制单元。

4. 启动设备及叙述启动及反馈信息

按一下防火卷帘的操作按钮，现场检查防火卷帘的动作情况，如果启动指示灯处于常亮状态，表示总线控制盘手动操作单元已发出启动命令，等待反馈。当反馈指示灯处于常亮状态时，表示现场防火卷帘已启动成功，并将启动信息反馈回来。

5. 恢复初始状态

再次按下启动按钮，命令取消。若反馈指示灯仍处于常亮状态，复位现场设备后，再复位消防联动控制器。

6. 记录检查测试情况

填写《建筑消防设施巡查记录表》。

要点 015　操作多线控制盘

职业功能	工作内容	技能要求	相关知识要求	分项考点	分数	总分
2 设施操作	2.1 火灾自动报警系统操作	2.1.5 ★ 能通过消防联动控制器的直接手动控制单元启动消防泵组、防烟和排烟风机	2.1.5 消防联动控制器直接手动控制单元的操作方法	1. 确认手动控制盘电源工作状态	0.5	2.5
				2. 确认为手动允许状态	0.5	
				3. 找到对应启动单元	0.5	
				4. 启动设备及叙述启动及反馈信息	0.5	
				5. 恢复初始状态	0.5	

一、操作准备

1. 熟悉多线控制盘。

2. 准备火灾自动报警系统图、设置火灾自动报警系统的建筑平面图、消防设备联动逻辑说明或设计说明、设备使用说明书、《建筑消防设施巡查记录表》。

二、操作步骤

以通过多线控制盘手动启动地下室发电机房排烟风机为例进行操作控制。

167

1. 确认手动控制盘电源工作状态

接通电源，多线控制盘正常运行，绿色工作指示灯应处于常亮状态。

2. 确认为手动允许状态

通过面板钥匙将手动工作模式操作权限由禁止切换到允许状态。

3. 找到对应启动单元

在多线控制盘上查找到控制该排烟风机的手动控制单元。

4. 启动设备及叙述启动及反馈信息

按下控制该地下室发电机房排烟风机的启动操作按钮，如果启动指示灯处于常亮状态，表示多线控制盘手动控制单元已发出启动命令等待反馈，当反馈指示灯处于常亮状态时，表示现场排烟机已启动成功，并将启动信息反馈回来。

5. 恢复初始状态

操作结束后将系统恢复到正常工作状态。再次按下启动按钮，命令取消。若反馈指示灯仍处于常亮状态，复位现场设备后，再复位消防联动控制器。

6. 记录检查测试情况

填写《建筑消防设施巡查记录表》。

要点 016　测试线型火灾探测器的火警和故障报警功能

职业功能	工作内容	技能要求	相关知识要求	分项考点	分数	总分
2 设施操作	2.1 火灾自动报警系统操作	2.1.6 能模拟测试线型感烟、感温火灾探测器的火警和故障报警功能	2.1.6 线型感烟、感温火灾探测器火警和故障报警功能测试方法	1. 确认线型光束感烟火灾探测器电源工作状态	0.5	3.5
				2. 线型光束感烟火灾探测器功能测试	1	
				3. 线型感温火灾探测器功能测试	1	
				4. 复位	0.5	
				5. 记录	0.5	

一、操作准备

1. 线型光束感烟火灾探测器、线型感温火灾探测器、火灾报警控制器。

2. 准备滤光片、热水和秒表等工具。

3. 准备《建筑消防设施巡查记录表》。

二、操作步骤

1. 确认线型光束感烟火灾探测器电源工作状态

确认线型光束感烟火灾探测器、线型感温火灾探测器与火灾报

警控制器连接正确并接通电源，此时系统处于正常监视状态。（设备检查）

2. 线型光束感烟火灾探测器功能测试

测试线型光束感烟火灾探测器火灾报警、故障报警功能。

（1）选择减光值为 0.4dB 的滤光片。

（2）将滤光片置于线型光束感烟火灾探测器的光路中，并尽可能靠近接收器。

（3）30s 内探测器报警确认灯点亮，火灾报警控制器应发出火警信号。

（4）选择减光值为 11.5dB 的滤光片。

（5）将滤光片置于线型光束感烟火灾探测器的发射器与接收器之间，并尽可能靠近接收器的光路上。

（6）线型光束感烟火灾探测器应故障确认灯点亮，火灾报警控制器发出故障声、光报警信号。

3. 线型感温火灾探测器功能测试

测试线型感温火灾探测器火灾报警、故障报警功能。

（1）在距离终端和 0.3m 的部位，使用温度不低于 54℃ 的热水持续对线型缆式感温火灾探测器的感温电缆进行加热。

（2）线型感温火灾探测器应在 30s 以内发出火灾报警信号，探测器红色报警确认灯点亮，火灾报警控制器显示火警信号。

（3）拆除连接处理信号单元与终端盒之间任意端线型感温火灾探测器的感温电缆。

（4）线型感温火灾探测器黄色故障报警确认灯点亮，火灾报警控制器显示故障报警信号。

（5）将线型感温火灾探测器恢复原状，复位火灾报警控制器。

4. 复位

操作结束后将系统恢复到正常工作状态。按复位键复位消防联动控制器。

5. 记录检查测试情况

填写《建筑消防设施巡查记录表》。

要点 017　测试火灾显示盘功能

职业功能	工作内容	技能要求	相关知识要求	分项考点	分数	总分
2 设施操作	2.1 火灾自动报警系统操作	2.1.7 能手动检查火灾显示盘，模拟测试火灾显示盘的火警、故障报警、消音和复位功能	2.1.7 火灾显示盘的分类和功能测试方法	1. 确认火灾显示盘电源工作状态	0.5	3.5
				2. 火灾显示盘自检功能测试	0.5	
				3. 火灾显示盘故障报警功能测试	0.5	
				4. 火灾显示盘火灾报警功能测试	0.5	
				5. 火灾显示盘消音功能测试	0.5	
				6. 火灾显示盘复位功能测试	0.5	
				7. 记录	0.5	

一、操作准备

1. 火灾显示盘。

2. 准备火灾自动报警系统图、设置火灾自动报警系统的建筑平面图、消防设备联动逻辑说明或设计说明、火灾显示盘的使用说明书、《建筑消防设施巡查记录表》。

二、操作步骤

1. 确认火灾显示盘电源工作状态

接通电源时，火灾报警控制器连接的火灾显示盘处于正常运行状态。

2. 火灾显示盘自检功能测试

测试火灾显示盘自检功能，按一下面板的自检按钮，火灾显示盘自动对各种显示器件进行检查。

3. 火灾显示盘故障报警功能测试

测试火灾显示盘故障报警功能，具有故障显示功能的火灾显示盘应设有专用故障总指示灯，当有故障信号存在时，该指示灯点亮。

将具有故障显示功能的火灾显示盘所辖区域内任意一只感烟火灾探测器或感温火灾探测器从其底座上拆卸下来，火灾显示盘在火灾报警控制器发出故障信号后 3s 内发出故障声光信号，指示故障发生位置，黄色故障指示灯点亮。

4. 火灾显示盘火灾报警功能测试

测试火灾显示盘火灾报警功能，利用火灾探测器加烟器向所辖区域内任意一只感烟火灾探测器加烟或直接按下手动火灾报警按钮报警，火灾显示盘应能接收火灾报警信号，指示火灾报警状态的红色指示灯点亮并发出火灾报警声光信号，显示火灾发生部位。

5. 火灾显示盘消音功能测试

测试火灾显示盘消音功能，当模拟所辖区域内火灾报警或故障报警时，火灾显示盘应能接收信号，并发出火灾报警或故障报警声信号，按下火灾显示盘消音键可消除当前报警声，消音指示灯点亮，也可按下火灾报警控制器消音键使火灾显示盘消音。

6. 火灾显示盘复位功能测试

测试火灾显示盘复位功能，将拆卸的火灾探测器探头重新安装到底座上，消除探测器内及周围烟雾，更换或复位手动火灾报警按钮的启动零件，然后按下火灾报警控制器复位键，火灾显示盘复位，恢复正常监视状态。

7. 记录检查情况

填写《建筑消防设施巡查记录表》。

要点 018　区分自动喷水灭火系统的类型

职业功能	工作内容	技能要求	相关知识要求	分项考点	分数	总分
2 设施操作	2.2 自动灭火系统操作	2.2.1 能区分自动喷水灭火系统的类型	2.2.1 湿式、干式自动喷水灭火系统的分类、组成和工作原理	1. 区分湿式、干式自动喷水灭火系统	0.5	2.5
				2. 湿式自动喷水灭火系统的组成	0.5	
				3. 湿式自动喷水灭火系统的工作原理	0.5	
				4. 干式自动喷水灭火系统的组成	0.5	
				5. 干式自动喷水灭火系统的工作原理	0.5	

一、操作准备

熟悉湿式、干式自动喷水灭火系统。

二、操作步骤

1. 区分湿式、干式自动喷水灭火系统

2. 湿式自动喷水灭火系统的组成

由闭式喷头、湿式报警阀组、水流指示器、末端试水装置、管道和供水设施等组成。

3. 湿式自动喷水灭火系统的工作原理

湿式系统在准工作状态时，由消防水箱或稳压泵、气压给水设备等稳压设施维持管道内充水的压力。发生火灾时，火源周围环境温度上升，闭式喷头受热后开启喷水，水流指示器动作并反馈信号至消防控制中心报警控制器，指示起火区域；湿式报警阀系统侧压力下降，造成湿式报警阀水源侧（沿供水方向，报警阀前为水源侧，下同）压力大于系统侧压力，湿式报警阀被自动打开，消防水箱出水管上的流量开关、消防水泵出水干管上的压力开关或报警阀组的压力开关动作并输出启动消防水泵信号，完成系统的启动。系统启动后，由消防水泵向开放的喷头供水，开放的喷头按不低于设计规定的喷水强度均匀喷洒，实施灭火。

4. 干式自动喷水灭火系统的组成

由闭式喷头、干式报警阀组、充气和气压维持设备、水流指示器、末端试水装置、管道及供水设施等组成。

5. 干式自动喷水灭火系统的工作原理

干式系统在准工作状态时，由消防水箱或稳压泵、气压给水设备等稳压设施维持水源侧管道内充水的压力，系统侧管道内充满有压气体（通常采用压缩空气），报警阀处于关闭状态。

发生火灾时，闭式喷头受热开启，管道中的有压气体从喷头喷出，干式报警阀系统侧压力下降，造成干式报警阀水源侧压力大于系统侧压力，干式报警阀被自动打开，压力水进入供水管道，将剩余压缩空气从系统立管顶端或横干管最高处的排气阀或已打开的喷头处喷出，然后喷水灭火；消防水箱出水管上的流量开关、消防水泵出水干管上的压力开关或报警阀组的压力开关动作并输出启动消防水泵信号，完成系统的启动。

系统启动后，由消防水泵向开放的喷头供水，开放的喷头按不低于设计规定的喷水强度均匀喷洒，实施灭火。

要点 019 操作消防泵组电气控制柜

职业功能	工作内容	技能要求	相关知识要求	分项考点	分数	总分
2 设施操作	2.2 自动灭火系统操作	2.2.2 ★ 能切换湿式、干式自动喷水灭火系统电气控制柜的工作状态，手动启/停泵组	2.2.2 自动喷水灭火系统消防泵组的操作方法	1. 检查确认系统处于完好有效状态	0.5	3
				2. 实施主/备泵切换操作	0.5	
				3. 实施主/备电切换操作	0.5	
				4. 分别模拟主电和主泵故障测试，备电和备泵自动投入情况	0.5	
				5. 实施手动启动、停止消防水泵操作	0.5	
				6. 记录检查测试情况	0.5	

一、操作准备

1. 熟悉湿式、干式自动喷水灭火系统（水池、管路、泵组、控制柜）。

2. 准备电工手套。

3. 准备《建筑消防设施巡查记录表》。

二、操作步骤

1. 检查确认系统处于完好有效状态

2. 实施主/备泵切换操作

操作控制柜面板实施手/自动转换和主/备泵切换。转换开关处于中间挡位时，代表手动运行状态，消防水泵启停通过控制柜面板启动按钮操作，自动控制失效。

转换开关悬置左挡位时，代表1号泵为主泵、2号泵为备泵，简称1主2备。

转换开关旋至右挡位时，代表2号泵为主泵、1号泵为备泵，简称2主1备。

无论转换开关处于左挡位还是右挡位，均代表自动运行状态，此时系统能够实现主泵自动启动功能，控制柜面板手动控制失效。运行过程中，当主泵发生故障时，备用泵能够自动投入运行。

3. 实施主/备电切换操作

（1）检查确认当前为常用电源供电状态。（常用电源）电源指示灯常亮。

（2）将运行模式切换按钮置于手动模式。

（3）旋转手柄至备用电源供电状态，观察常用电源指示灯熄灭，备用电源指示灯点亮。

（4）旋转手柄至常用电源供电状态，将运行模式开关切换为自动模式。

4. 分别模拟主电和主泵故障测试，备电和备泵自动投入情况

（1）检查确认双电源转换开关处于自动运行模式，切断主电源，观察备用电源自投入使用后的情况，恢复主电源供电。

（2）确认控制柜处于自动运行模式，采用末端试水装置处放水等方式，使压力开关动作，主泵启动并运行平稳后，模拟主泵故障切断主泵开关或模拟主泵热继电器动作，观察备用泵应能自动投入运转，手动停泵后使系统恢复正常运行状态。

5. 实施手动启动、停止消防水泵操作

（1）确认控制柜处于手动运行模式。

（2）按下任意消防水泵启动按钮，观察仪表指示灯、电动机运转情况。

（3）按下对应的消防水泵停止按钮，观察仪表指示灯、电动机运转情况。

（4）控制柜恢复自动运行模式。

6. 记录检查测试情况

填写《建筑消防设施检测记录表》。

要点020 切换增（稳）压泵组电气控制柜的工作状态，手动启/停泵组

职业功能	工作内容	技能要求	相关知识要求	分项考点	分数	总分
2 设施操作	2.2 自动灭火系统操作	2.2.3 能切换增（稳）压泵组电气控制柜的工作状态，手动启/停泵组	2.2.3 消防增（稳）压设施的分类、组成和操作方法	1. 消防增（稳）压设施的分类	1	3
				2. 消防增（稳）压设施的组成	1	
				3. 消防增（稳）压设施的操作方法	1	

一、操作准备

1. 熟悉消防稳压系统。
2. 准备消防稳压系统设计文件、《建筑消防设施巡查记录表》。

二、操作步骤

1. 消防增（稳）压设施的分类

（1）按稳压工作形式可分为：胶囊式消防稳压设施、补气式消防稳压设施、消防无负压（叠压）稳压系统。

（2）按安装位置可分为：上置式和下置式。

（3）按气压罐设置方式分为：立式和卧式。

（4）按服务系统分为：消火栓用、自动喷水灭火系统用或两者合用。

2. 消防增（稳）压设施的组成

泵组、管道阀门及附件、测控仪表、操控柜。

3. 消防增（稳）压设施的操作方法

4. 记录

填写《建筑消防设施巡查记录表》。

要点 021　使用消防电话

职业功能	工作内容	技能要求	相关知识要求	分项考点	分数	总分
2 设施操作	2.3 其他消防设施操作	2.3.1 能使用消防电话总机、消防电话分机进行通话	2.3.1 消防电话总机、消防电话分机和消防电话插孔的使用方法	1. 查看消防电话系统处于正常监控状态	0.5	2.5
				2. 消防电话总机呼叫消防电话分机并通话	0.5	
				3. 消防电话分机呼叫消防电话总机并通话	0.5	
				4. 消防电话手柄拨打消防电话总机	0.5	
				5. 记录	0.5	

一、操作准备

1. 熟悉消防电话总机、消防电话分机和消防电话插孔。

2. 准备消防电话系统设计文件、设置消防电话系统的建筑平面图、消防电话安装使用说明书、《建筑消防设施巡查记录表》。

二、操作步骤

1. 查看消防电话系统处于正常监控状态

将消防电话总机与至少三部消防电话分机和消防电话插孔连接，使消防电话总机与所连的消防电话分机、消防电话插孔处于正常监视状态。消防电话总机屏幕上显示"系统运行正常"和当前日

181

期、时间，绿色工作指示灯常亮。

2. 消防电话总机呼叫消防电话分机并通话

以呼叫编号为 13 号的消防水泵房消防电话分机为例：

（1）拿起消防电话主机话筒，按下键盘区的第 13 号按键，屏幕显示消防电话总机呼叫 13 号消防电话分机，按键对应的红色指示灯闪亮，消防水泵房消防电话分机将振铃，消防电话主机话筒听到回铃音。

（2）拿起消防水泵房消防电话分机话筒便可与消防电话主机通话，通话时语音应清晰，屏幕显示消防电话总机与 13 号消防电话分机正在通话中，消防电话总机对通话自动录音，呼叫时间被记录保存，主机"通话"和"录音"指示灯常亮。

（3）要挂断通话的消防电话分机，只需再按下其所对应的按键，也可按"挂断"键挂断，还可通过将消防电话主机话筒或消防电话分机话筒挂机的方式来挂断通话。通话结束，消防电话系统恢复正常工作状态。

3. 消防电话分机呼叫消防电话总机并通话

（1）消防水泵房消防电话分机摘机后可听到回铃音，消防电话总机屏幕显示呼入的是编号为 13 号消防水泵房消防电话分机，消防电话总机发出声、光报警，呼叫灯点亮，呼叫时间被记录保存，消防电话分机对应的红色指示灯闪亮。

（2）取下消防电话总机听筒，声、光报警停止，即可与消防电话分机通话，通话语音应清晰。此时通话灯亮，消防电话总机对通话自动录音。

（3）将消防电话分机话筒挂机，挂断通话，消防电话系统恢复正常工作状态。

4. 消防电话手柄拨打消防电话总机

将消防电话手柄连接线端部插头插入任意一个消防电话插孔，可自动呼叫消防电话总机，同时消防电话手柄中有提示音，消防电话总机应答后，通话语音应清晰。

5. 记录检查测试情况

填写《建筑消防设施检测记录表》。

要点 022 使用消防应急广播系统

职业功能	工作内容	技能要求	相关知识要求	分项考点	分数	总分
2 设施操作	2.3 其他消防设施操作	2.3.2 ★ 能使用消防应急广播设备录制、播放疏散指令，能使用话筒广播紧急事项	2.3.2 消防应急广播设备的操作方法	1. 接通电源	0.5	2.5
				2. 录制疏散指令	0.5	
				3. 播放疏散指令	0.5	
				4. 使用话筒广播紧急事项	0.5	
				5. 记录	0.5	

一、操作准备

1. 熟悉消防应急广播系统。

2. 消防应急广播系统设计文件、设置消防应急广播系统的建筑平面图、消防应急广播系统的安装使用说明书、《建筑消防设施巡查记录表》。

二、操作步骤

1. 接通电源

确保消防应急广播系统处于正常工作状态，主机绿色工作状态灯常亮，显示屏显示当前日期和时间。

2. 录制疏散指令（两种方法）

（1）SD 卡录制

1）在计算机中将要导入的文件复制在 SD 卡根目录下。

2）将 SD 卡插入消防应急广播主机 SD 卡槽中，按下"文件导入"按键，设备自动进行文件导入，进度条显示文件导入进度。

3）进度条读满返回待机界面，文件导入完毕。

（2）使用话筒录制

1）拿起挂在主机上的话筒，按下话筒的开关，话筒工作指示灯点亮。

2）按下"文件导入"键，话筒录音开始。

3）按下停止键或松开话筒的开关，退出话筒预录音模式，此时应急广播播放的音频文件为话筒录制的内容。

3. 播放疏散指令

（1）按下"应急"按键，启动应急广播播音模式，消防应急广播主机播放预录的应急疏散指令。

（2）消防应急广播主机显示屏显示"应急广播模式"及广播分区，"应急"按键红色指示灯点亮。

4. 使用话筒广播紧急事项

（1）拿起挂在主机上的话筒，按下话筒的开关，话筒工作指示灯点亮。

（2）对着话筒按所选广播分区进行紧急事项广播，录放盘自动进入语音播报状态，并对播报内容自行录音保存。

（3）松开话筒开关，系统自动返回播音前状态。

5. 记录检查测试情况

填写《建筑消防设施检测记录表》。

要点 023　手动操作防烟排烟系统

职业功能	工作内容	技能要求	相关知识要求	分项考点	分数	总分
2 设施操作	2.3 其他消防设施操作	2.3.3 ★ 能手动操作加压送风口，调整加压送风机的电气控制柜工作状态，手动启/停送风机	2.3.3 防烟系统的分类和正压送风口、送风机的操作方法	1. 防烟系统的分类	0.5	2.5
				2. 检查确认各系统处于完好有效状态	0.5	
				3. 切换风机控制柜工作状态及风机的启动	0.5	
				4. 现场手动操作常闭式加压送风口	0.5	
				5. 记录检查测试情况	0.5	

一、操作准备

1. 熟悉机械加压送风系统、机械排烟系统、火灾自动报警及联动控制系统。

2. 准备电工手套、梯具等检查、测试工具。

3. 准备系统设计文件、产品使用说明书、《建筑消防设施巡查记录表》。

二、操作步骤

1. 防烟系统的分类

自然通风方式、机械加压送风方式。

2. 检查确认各系统处于完好有效状态

3. 切换风机控制柜工作状态及风机的启动

（1）打开风机控制柜柜门，将双电源转换开关置于手动控制模式，并切换为备用电源供电状态。

（2）将控制柜面板手/自动转换开关置于"手动"位。

（3）实施手动启、停风机操作。

（4）将双电源转换开关置于自动控制模式，观察主电源应能自动投入使用。

（5）手/自动转换开关恢复"自动"位。

4. 现场手动操作常闭式加压送风口

（1）检查确认防烟风机控制柜处于"自动"运行模式，消防控制室联动控制器处于"自动允许"状态。

（2）打开送风口执行机构护板，找到执行机构钢丝绳拉环，用力拉动，观察常闭式加压送风口，应能打开。

（3）观察送风机启动情况和消防控制室信号反馈情况。

（4）将风机控制柜置于"手动"运行模式，手动停止风机运行，分别实施送风口复位、消防控制室复位操作。

（5）将风机控制柜恢复"自动"运行模式。

5. 记录检查测试情况

填写《建筑消防设施巡查记录表》。

要点 024 排烟系统及组件的手动操作

职业功能	工作内容	技能要求	相关知识要求	分项考点	分数	总分
2 设施操作	2.3 其他消防设施操作	2.3.4 ★ 能手动操作挡烟垂壁、排烟窗、排烟阀、排烟口，调整排烟风机的电气控制柜工作状态，手动启/停排烟风机	2.3.4 排烟系统的分类和挡烟垂壁、排烟窗、排烟阀、排烟口、排烟机的操作方法	1. 排烟系统的分类	0.5	3.5
				2. 挡烟垂壁操作方法	0.5	
				3. 排烟窗的操作方法	0.5	
				4. 排烟阀的操作方法	0.5	
				5. 排烟口的操作方法	0.5	
				6. 排烟机的操作方法	0.5	
				7. 记录检查测试情况	0.5	

一、操作准备

1. 熟悉机械排烟系统、火灾自动报警及联动控制系统。

2. 准备电工手套、梯具等检查、测试工具。

3. 准备系统设计文件、产品使用说明书、《建筑消防设施巡查记录表》。

二、操作步骤

1. 防烟系统的分类

自然通风方式、机械排烟方式。

2. 挡烟垂壁操作方法

（1）挡烟垂壁接收到消防控制中心的控制信号后下降至挡烟工作位置。

（2）当配接的烟感探测器报警后，挡烟垂壁自动下降至挡烟工作位置。

（3）现场手动操作。

（4）系统断电时，挡烟垂壁自动下降至设计位置。

3. 排烟窗的操作方法

（1）通过火灾自动报警系统自动启动。

（2）消防控制室手动操作。

（3）现场手动操作。

（4）通过温控释放装置启动，释放温度应大于环境温度30℃且小于100℃。

4. 排烟阀、口操作方法

（1）通过火灾自动报警系统自动启动。

（2）消防控制室手动操作。

（3）现场手动操作。排烟口的开启信号应与排烟风机联动。

5. 排烟机的操作方法

（1）打开风机控制柜柜门，将双电源转换开关置于手动控制模式，并切换为备用电源供电状态。

（2）将控制柜面板手/自动转换开关置于"手动"位。

（3）实施手动启、停风机操作。

（4）将双电源转换开关置于自动控制模式，观察主电源应能自动投入使用。

（5）手/自动转换开关恢复"自动"位。

6. 记录检查测试情况

填写《建筑消防设施检测记录表》。

要点 025 手动、机械方式释放防火卷帘

职业功能	工作内容	技能要求	相关知识要求	分项考点	分数	总分
2 设施操作	2.3 其他消防设施操作	2.3.5 能通过手动、机械方式释放防火卷帘	2.3.5 防火卷帘的操作方法	1. 检查确认各系统处于完好有效状态	0.5	2.5
				2. 手动释放防火卷帘	0.5	
				3. 机械方式释放防火卷帘	0.5	
				4. 恢复正常运行状态	0.5	
				5. 记录检查测试情况	0.5	

一、操作准备

1. 熟悉防火卷帘、火灾自动报警和联动控制系统。

2. 准备防火卷帘手动按钮盒专用钥匙、旋具（俗称起子、螺丝刀，以下用俗称螺丝刀）等。

3. 准备《建筑消防设施巡查记录表》。

二、操作步骤

1. 检查确认各系统处于完好有效状态

2. 手动释放防火卷帘

（1）使用专用钥匙解锁防火卷帘手动控制按钮，设有保护罩的应先打开保护罩；将消防联动控制器设置为"手动允许"状态。

（2）按下防火卷帘控制器或防火卷帘两侧设置的手动按钮盒按钮，控制防火卷帘下降、停止与上升，观察防火卷帘控制器声响、指示灯变化和防火卷帘运行情况。

（3）按下消防控制室联动控制器手动按钮远程控制防火卷帘下降，观察信号反馈。

（4）进行相关系统复位操作，记录系统检查情况。

3. 机械方式释放防火卷帘

（1）将手动拉链从防护罩（箱体）内取出，使其处于自然下垂状态。

（2）操作手动拉链控制防火卷帘下降与上升。

（3）操作手动速放装置，观察防火卷帘速放控制的有效性。

4. 恢复正常运行状态

5. 记录检查测试情况

填写《建筑消防设施巡查记录表》。

要点 026　操作防火门监控器和常开式防火门

职业功能	工作内容	技能要求	相关知识要求	分项考点	分数	总分
2 设施操作	2.3 其他消防设施操作	2.3.6 能调整防火门监控器的工作状态，手动关闭常开型防火门	2.3.6 防火门监控器的操作方法	1. 检查确认各系统处于完好有效状态	0.5	2.5
				2. 切换防火门监控器主、备电供电状态和手、自动工作状态	0.5	
				3. 防火门监控器自检和消音操作	0.5	
				4. 手动关闭常开式防火门	0.5	
				5. 记录检查测试情况	0.5	

一、操作准备

1. 熟悉防火门监控系统、火灾自动报警及联动控制系统。
2. 准备防火门监控器柜门钥匙。
3. 准备防火门监控系统技术文件、《建筑消防设施巡查记录表》。

二、操作步骤

1. 检查确认各系统处于完好有效状态

2. 切换防火门监控器主、备电供电状态和手、自动工作状态

（1）检查防火门监控器面板，确认主、备电均处于正常状态。

191

（2）打开监控器柜门，断开主电源供电，观察备用电源自动投入使用和监控器报警及主电故障显示情况。

（3）恢复主电源供电，观察故障报警信息消除情况。

（4）切换手/自动工作状态，如需要密码，通过功能按键输入。

（5）使系统恢复正常运行状态。

3. 防火门监控器自检和消音操作

（1）按下自检按钮，观察音响部件及状态指示灯、显示屏的自检情况。

（2）断开主电源供电，听到故障报警声后按下消音键，观察声信号消除和光信号保持情况。

（3）模拟任一现场执行部件与监控器间的连接线断路，观察声信号再次启动情况。

（4）使系统恢复正常运行状态。

4. 手动关闭常开式防火门

分别实施常开式防火门现场手动关闭、消防控制室远程手动关闭和系统复位操作，观察防火门关闭效果、监控器相关声响和显示变化情况，核查相关反馈信息。

5. 记录检查测试情况

填写《建筑消防设施检测记录表》。

要点 027　操作应急照明控制器

职业功能	工作内容	技能要求	相关知识要求	分项考点	分数	总分
2 设施操作	2.3 其他消防 设施操作	2.3.7 能调整消防应急照明及疏散指示系统控制器的工作状态，手动操作使其进入应急工作状态	2.3.7 消防应急照明及疏散指示系统的分类和操作方法	1. 确认应急照明控制器工作状态	0.5	2.5
				2. 测试应急照明控制器控制、显示功能	0.5	
				3. 自动应急启动测试	0.5	
				4. 手动应急启动测试	0.5	
				5. 记录检查测试情况	0.5	

一、操作准备

1. 熟悉应急照明控制器、应急照明集中电源、应急照明配电箱等配套系统产品，火灾报警控制器，消防联动控制器。

2. 准备消防应急照明和疏散指示系统图、系统设备平面布置图、《建筑消防设施巡查记录表》。

二、操作步骤

1. 确认应急照明控制器工作状态

将应急照明控制器与应急照明集中电源、应急照明配电箱等配套系统产品相连，同时与火灾报警控制器、消防联动控制器连接，使应急照明控制器处于正常监控状态。

2. 测试应急照明控制器控制、显示功能。

（1）检查与应急照明控制器连接的设备线路是否正确，无问题后接通电源，打开控制器电源开关，控制器开机完毕屏幕上应显示"系统监控"页面。

（2）登录完毕后，按"设备信息"键查询登录结果是否正确。

（3）在系统正常监控状态下，断开主电源开关，故障指示灯亮、主电工作指示灯灭，同时控制器应进入应急启动状态，发出应急声信号并显示相关应急启动信息和主电故障信息。

（4）在系统正常监控状态下，断开备用电源开关，故障指示灯亮、备电工作指示灯灭，同时控制器应发出故障声信号，并显示备电故障信息。

（5）按"自检"键，控制器应能进入系统自检状态，面板指示灯应全部点亮，显示屏显示自检进程，同时喇叭发出自检声。

3. 自动应急启动测试

应急照明自动应急启动的火灾探测器、手动火灾报警按钮发出火灾报警信号（或者通过应急照明控制器模拟火警），检查应急照明控制器的显示情况及系统设备状态，并做好记录。

4. 手动应急启动测试

（1）手动操作应急照明控制器"强启"按钮，观察记录控制器显示情况及系统设备状态。

（2）操作火灾报警控制器、应急照明控制器，使火灾自动报警系统、应急照明和疏散指示系统复位，复位后系统应处于正常监控状态。

5. 记录检查测试情况

填写《建筑消防设施巡查记录表》。

要点 028 操作电梯紧急迫降按钮迫降消防电梯

职业功能	工作内容	技能要求	相关知识要求	分项考点	分数	总分
2 设施操作	2.3 其他消防设施操作	2.3.8 能操作"紧急迫降"按钮迫降电梯	2.3.8 电梯迫降的操作方法	1. 开关转至消防工作状态	0.5	2.5
				2. 观察电梯迫降和开门情况及消防控制室反馈信息	0.5	
				3. 测试层站控制和轿厢控制的有效性	0.5	
				4. 进行紧急迫降按钮、消防控制室复位操作，使电梯恢复正常运行状态	0.5	
				5. 记录检查测试情况	0.5	

一、操作准备

1. 熟悉电梯实物或模型、火灾自动报警及联动控制系统。
2. 准备螺丝刀等拆装工具，采用钥匙开关的应准备专用钥匙。
3. 准备《建筑消防设施巡查记录表》等。

二、操作步骤

1. 开关转至消防工作状态

打开紧急迫降按钮保护罩，根据按钮类型采取按下或掀动方式启动电梯紧急迫降功能，采用钥匙开关的使用专用钥匙将开关转至消防工作状态。

2. 观察电梯迫降和开门情况及消防控制室反馈信息

3. 测试层站控制和轿厢控制的有效性

4. 进行紧急迫降按钮、消防控制室复位操作，使电梯恢复正常运行状态

5. 记录检查测试情况

填写《建筑消防设施检测记录表》。

要点 029　消防控制室内集中火灾报警控制器、消防联动控制器、消防控制室图形显示装置及火灾显示盘的保养

职业功能	工作内容	技能要求	相关知识要求	分项考点	分数	总分
3 设施保养	3.1 火灾自动系统保养	3.1.1 能保养集中火灾报警控制器、消防联动控制器、消防控制室图形显示装置和火灾显示盘	3.1.1 集中火灾报警控制器、消防联动控制器、消防控制室图形显示装置和火灾显示盘的保养内容和方法	1. 切断电源	0.1	0.7
				2. 清理灰尘	0.1	
				3. 抹布擦拭	0.1	
				4. 检查接头及连接处	0.1	
				5. 恢复供电	0.2	
				6. 记录检查测试情况	0.1	

一、操作准备

1. 熟悉集中火灾报警控制器、消防联动控制器、消防控制室图形显示装置、火灾显示盘。

2. 准备吸尘器、细毛刷、抹布等清洁用品，除锈剂，凡士林。

3. 准备《建筑消防设施维护保养记录表》。

二、操作步骤

1. 切断电源

使用钥匙打开箱门，将控制器主、备电源切断。

2. 清理灰尘

用小毛刷将机柜（壳）内设备空隙、线材上的灰尘和杂质清扫出来，然后用吸尘器清理干净。

3. 抹布擦拭

用抹布将装置柜（壳）内设备和线材清洁干净，确保表面无污迹。如果发现机柜有水存在，应该用干燥的抹布擦拭干净，保证柜（壳）在干燥情况下才能通电。机壳外表面的指示灯、显示屏应清洁干净，指示及字符清晰可见。

4. 检查接头及连接处

检查线路接头处有无氧化或锈蚀痕迹，若有则应采取防潮、防锈措施，如镀锡和涂抹凡士林等。发现螺栓及垫片有生锈现象应予更换，确保接头连接紧密。

5. 恢复供电

保养结束后，给控制器送电，用钥匙将箱门锁闭。

6. 记录检查测试情况

填写《建筑消防设施维护保养记录表》。

要点 030　线型感烟、感温火灾探测器的保养

职业功能	工作内容	技能要求	相关知识要求	分项考点	分数	总分
3 设施保养	3.1 火灾自动系统保养	3.1.2能保养线型感烟、感温火灾探测器	3.1.2线型感烟、感温火灾探测器的保养内容和方法	1. 外观保养	0.1	0.7
				2. 稳定性检查	0.1	
				3. 接线检查	0.1	
				4. 调试	0.1	
				5. 接入复检	0.1	
				6. 记录检查测试情况	0.2	

一、操作准备

1. 熟悉安装有线型感烟、感温火灾探测器的火灾自动报警系统。

2. 准备清洁的干软布、酒精、螺丝刀。

3. 准备消防工程竣工图纸、火灾自动报警系统相关材料、《建筑消防设施维护保养记录表》。

二、操作步骤

1. 外观保养

使用清洁的干软布和酒精轻轻擦拭线型光束感烟火灾探测器的发射和接收窗口、反射器、指示灯表面的污染物。

2. 稳定性检查

线型光束感烟火灾探测器应紧紧固定在墙壁或其他固定位置上，探测位置不发生偏移；线型缆式感烟火灾探测器输入模块、接口模块和终端模块应固定，若发生松动，则用螺丝刀紧固。

3. 接线检查

检查线型感烟、感温火灾探测器的接线端子，将连接松动的端子重新紧固连接；换掉有锈蚀痕迹的螺钉、端子垫片等接线部件；去除锈蚀的导线端，烫锡后重新连接。

4. 调试

清洁完毕后，应将线型光束感烟探测器响应阈值标定到探测器出厂设置的阈值，使探测器重新进入正常监视状态。线型缆式感温火灾探测器能自动监测线芯之间的绝缘电阻值，电阻值应能满足要求。

5. 接入复检

用减光率为 0.9 dB/m 的减光片遮挡光路，检查线型光束感烟火灾探测器是否发出火灾报警信号；用减光率为 1.0～10.0 dB/m 的减光片遮挡光路，检查探测器是否发出火灾报警信号；用减光率为 11.5 dB/m 的减光片遮挡光路，检查探测器是否发出故障信号或火灾报警信号。

在不可恢复的线型感温火灾探测器上模拟火灾和故障，检查探测器能否发出火灾报警和故障信号；对可恢复的线型感温火灾探测器采用专用检测仪器或模拟火灾的办法检查其能否发出火灾报警信号，并在终端盒上模拟故障，检查探测器能否发出故障信号。

检查结果应符合产品标准和设计要求。复检项目检查不合格时，应再次进行维修保养或报废。

6. 记录检查测试情况

填写《建筑消防设施维护保养记录表》。

要点 031 电气火灾监控器的保养

职业功能	工作内容	技能要求	相关知识要求	分项考点	分数	总分
3 设施保养	3.1 火灾自动系统保养	3.1.3能保养电气火灾监控器和可燃气体报警控制器	3.1.3电气火灾监控器、可燃气体报警控制器的保养内容和方法	1. 切断电源	0.1	0.7
				2. 清理灰尘	0.1	
				3. 抹布擦拭	0.1	
				4. 检查接头及连接处	0.1	
				5. 送电关门	0.1	
				6. 记录检查测试情况	0.2	

一、操作准备

1. 熟悉电气火灾监控器。
2. 准备吸尘器、细毛刷、抹布等清洁用品，除锈剂，凡士林。
3. 准备《建筑消防设施维护保养记录表》。

二、操作步骤

1. 切断电源

使用钥匙打开箱门，将监控器主、备电源切断。

2. 清理灰尘

用小毛刷将机柜（壳）内设备空隙、线材上的灰尘和杂质清扫出来，然后用吸尘器清理干净。

3. 抹布擦拭

用抹布将装置柜（壳）内设备和线材清洁干净，确保表面无污迹。如果发现机柜有水存在，应该用干燥的抹布擦拭干净，保证柜（壳）在干燥情况下才能通电。机壳外表面的指示灯、显示器应清洁干净，指示及字符清晰可见。

4. 检查接头及连接处

检查线路接头处有无氧化或锈蚀痕迹，若有则应采取防潮、防锈措施，如镀锡和涂抹凡士林等。发现螺栓及垫片有生锈现象应予更换，确保接头连接紧密。

5. 送电关门

保养结束后，给监控器送电，用钥匙将箱门锁闭。

6. 记录检查测试情况

填写《建筑消防设施维护保养记录表》。

要点 032　可燃气体报警控制器的保养

职业功能	工作内容	技能要求	相关知识要求	分项考点	分数	总分
3 设施保养	3.1 火灾自动 系统保养	3.1.3 能保 养电气火灾 监控器和可 燃气体报警 控制器	3.1.3 电气 火灾监控 器、可燃气 体报警控制 器的保养内 容和方法	1. 切断电源	0.1	0.7
				2. 清理灰尘	0.1	
				3. 抹布擦拭	0.1	
				4. 检查接头及连接处	0.1	
				5. 送电关门	0.1	
				6. 记录检查测试情况	0.2	

一、操作准备

1. 熟悉可燃气体报警控制器。
2. 准备吸尘器、细毛刷、抹布等清洁用品，除锈剂，凡士林。
3. 准备《建筑消防设施维护保养记录表》。

二、操作步骤

1. 切断电源

使用钥匙打开箱门，将控制器主、备电源切断。

2. 清理灰尘

用小毛刷将机柜（壳）内设备空隙、线材上的灰尘和杂质清扫出来，然后用吸尘器清理干净。

3. 抹布擦拭

用抹布将装置柜（壳）内设备和线材清洁干净，确保表面无污迹。如果发现机柜有水存在，应该用干燥的抹布擦拭干净，保证柜（壳）在干燥情况下才能通电。机壳外表面的指示灯、显示屏应清洁干净，指示及字符清晰可见。

4. 检查接头及连接处

检查线路接头处有无氧化或锈蚀痕迹，若有则应采取防潮、防锈措施，如镀锡和涂抹凡士林等。发现螺栓及垫片有生锈现象应予更换，确保接头连接紧密。

5. 送电关门

保养结束后，给控制器送电，用钥匙将箱门锁闭。

6. 记录检查测试情况

填写《建筑消防设施维护保养记录表》。

要点 033 湿式、干式自动喷水灭火系统的阀门、管道、水流指示器、报警阀组和试验装置的保养

职业功能	工作内容	技能要求	相关知识要求	分项考点	分数	总分
3 设施保养	3.2 自动灭火系统保养	3.2.1 能保养湿式、干式自动喷水灭火系统的阀门、管道、水流指示器、报警阀组和试验装置等	3.2.1 湿式、干式自动喷水灭火系统的保养内容和方法	1. 阀门	0.1	0.7
				2. 管道	0.1	
				3. 报警阀组	0.2	
				4. 水流指示器	0.1	
				5. 试验装置	0.2	

保养方法

消防设施维护保养人员应根据维护保养计划，在规定的周期内对前述项目分别实施保养。保养应结合外观检查和功能测试进行，通常采用清洁、紧固、调整、润滑的方法。对电气元器件的清洁应使用吸尘器或软毛刷等工具，其他组件可使用不太湿的布进行擦拭；对损坏件应及时维修或更换。

1. 阀门

（1）检查系统各个控制阀门，发现铅封损坏或者锁链未固定在规定状态的，及时更换铅封，并调整锁链至规定的固定状态；

发现阀门有漏水、锈蚀等情形的，更换阀门密封垫，修理或者更换阀门，对锈蚀部位进行除锈处理；启闭不灵活的，进行润滑处理。

（2）检查室外阀门井情况，发现阀门井积水、有垃圾或者有杂物的，及时排除积水，清除垃圾、杂物；发现管网中的控制阀门未完全开启或者关闭的，完全启闭到位；发现阀门有漏水等情形的，按照前述室内阀门的要求查漏、修复、更换、除锈和润滑。

2. 管道

检查发现管道漆面脱落，管道接头存在渗漏、锈蚀的，应进行刷漆、补漏、除锈处理；检查发现支架、吊架脱焊、管卡松动的，应进行补焊和紧固处理；检查管道各过滤器的使用性能，对滤网进行拆洗，并重新安装到位。

3. 报警阀组

（1）检查报警阀组的标识是否完好、清晰，报警阀组组件是否齐全，表面有无裂纹、损伤等现象；检查各阀门启闭状态、启闭标识、锁具设置和信号阀信号反馈情况是否正常，报警阀组设置场所的排水设施有无排水不畅或积水等情况。

（2）检查阀瓣上的橡胶密封垫，表面应清洁、无损伤，否则应清洗或更换。检查阀座的环形槽和小孔，发现积存泥沙和污物时进行清洗。阀座密封面应平整、无碰伤和压痕，否则应修理或更换。

（3）检查湿式自动喷水灭火系统延迟器的漏水接头，必要时进行清洗，防止异物堵塞，保证其畅通。

（4）检查水力警铃铃声是否响亮，清洗报警管路上的过滤器。拆下铃壳，彻底清除脏物和泥沙并重新安装。拆下水轮上的漏水接头，清洁其中积聚的污物。

4. 水流指示器

检查水流指示器，发现有异物、杂质等卡阻桨片的，及时清除。开启末端试水装置或者试水阀，检查水流指示器的报警情况，发现存在断路、接线不实等情况的，重新接线至正常。发现调整螺母与触头未到位的，重新调试到位。

5. 试验装置

检查系统（区域）末端试水装置、楼层试水阀的设置位置是否便于操作和观察，有无排水设施。检查末端试水装置压力表能否准确监测系统、保护区域最不利点静压值。通过放水试验，检查系统启动、报警功能以及出水情况是否正常。

要点 034　消防泵组及电气控制柜的保养

职业功能	工作内容	技能要求	相关知识要求	分项考点	分数	总分
3 设施保养	3.2 自动灭火系统保养	3.2.2 能保养消防泵组电气控制柜	3.2.2 消防泵组电气控制柜的保养内容和方法	1. 确认工作状态及环境	0.1	0.9
				2. 确认控制柜工作状态	0.1	
				3. 断开总电源	0.1	
				4. 控制柜内元器件检查	0.1	
				5. 外观检查	0.1	
				6. 泵组检查	0.1	
				7. 查看破损情况	0.1	
				8. 检查或更换润滑油	0.1	
				9. 合闸送电	0.1	

保养方法

消防设施维护保养人员应根据维护保养计划，在规定的周期内对前述项目分别实施保养。保养应结合外观检查和功能测试进行，通常采用清洁、紧固、调整、润滑的方法。对电气元器件的清洁应使用吸尘器或软毛刷等工具，其他组件可使用不太湿的布进行擦拭；对损坏件应及时维修或更换。

1. 确认工作状态及环境

检查现场工作环境，检查防淹没措施和自动防潮除湿装置的完好有效性和工作状态，及时进行清扫、清理和维修。

2. 确认控制柜工作状态

查看控制柜外观和标识情况，通过仪表、指示灯、开关位置查看控制柜当前工作状态。做好外观保洁、除锈、补漆、补正工作。

3. 断开总电源

断开控制柜总电源，检查各开关、按钮工作情况。

4. 控制柜内元器件检查

检查柜门启闭情况，检查柜内电气原理图、接触器、熔断器、继电器等电气元器件完好情况和线路连接情况，查看有无老化、破损、松动、脱落和打火、烧蚀现象，紧固各电气接线接点和接线螺钉，查看、测试接地情况。做好控制柜内保洁、维修、更换工作。

5. 外观检查

检查消防泵组外观，应无锈蚀，无漏水、渗水等情况，检查消防水泵及水泵电动机标识，标识应清楚，铭牌应清晰，必要时应进行擦拭、除污、除锈、喷漆及重新张贴。

6. 泵组检查

消防泵组应安装牢固，紧固螺栓无松动。检查接地情况，应安装牢固，必要时应进行固定。

7. 查看破损情况

测量电动机、电缆绝缘和接地电阻，查看电缆老化和破损情况，及时进行维修和更换。

8. 检查或更换润滑油

对泵体中心轴进行盘动，对泵体盘根填料进行检查或更换，根据产品说明书的要求检查或更换对应等级的润滑油。

9. 合闸送电

合上控制柜总电源，按要求进行功能测试，对发现的问题及时进行检修。

要点 035　消防设备末端配电装置的保养

职业功能	工作内容	技能要求	相关知识要求	分项考点	分数	总分
3 设施保养	3.3 其他消防设施保养	3.3.1 能保养消防设备末端配电装置	3.3.1 消防设备末端配电装置的保养内容和方法	1. 切断电源	0.1	0.7
				2. 清理灰尘	0.1	
				3. 抹布擦拭	0.1	
				4. 检查接头及连接处	0.1	
				5. 送电关门	0.1	
				6. 记录检查测试情况	0.2	

一、操作准备

1. 熟悉消防设备末端配电装置。
2. 准备吸尘器、细毛刷、抹布等清洁用品。
3. 准备《建筑消防设施维护保养记录表》。

二、操作步骤

1. 切断电源

使用钥匙打开箱门，将控制器主、备电源切断。

2. 清理灰尘

用小毛刷将配电装置内设备和线材上的灰尘清扫出来后用吸尘器清理干净。

3. 抹布擦拭

用抹布将配电装置壳体、柜内设备和线材清洁干净，确保表面无污迹。如果发现配电柜有水存在，应该用干燥的抹布擦拭干净，保证配电柜在干燥情况下才能通电。

4. 检查接头及连接处

检查线路接头处有无氧化或锈蚀痕迹，若有则应采取防潮、防锈措施，如镀锡和涂抹凡士林等。发现螺栓及垫片有生锈现象应予更换，确保接头连接紧密。

5. 送电关门

保养结束后，将控制器送电，用钥匙将箱门锁闭。

6. 记录检查测试情况

填写《建筑消防设施维护保养记录表》。

要点 036　消防电话系统的保养

职业功能	工作内容	技能要求	相关知识要求	分项考点	分数	总分
3 设施保养	3.3 其他消防设施保养	3.3.2 能保养消防电话总机、消防电话分机、消防电话插孔	3.3.2 消防电话总机、消防电话分机、消防电话插孔的保养内容和方法	1. 接头电源	0.1	0.7
				2. 外观检查保养	0.1	
				3. 接线检查保养	0.1	
				4. 功能检查	0.2	
				5. 复位自检	0.1	
				6. 记录检查测试情况	0.1	

一、操作准备

1. 熟悉消防电话系统。

2. 准备吸尘器、清洁的干软布、螺丝刀、锡锅。

3. 准备消防工程竣工图纸、火灾自动报警系统相关材料、《建筑消防设施维护保养记录表》。

二、操作步骤

1. 接头电源

接通消防电话总机电源，使消防电话处于正常监视状态。

2. 外观检查保养

用吸尘器、清洁的干软布等清除机壳、电话机表面、电话插孔内及所有接线端子处的灰尘。对所有按键进行按下、弹起操作。

3. 接线检查保养

用螺丝刀紧固接线端子，对锈蚀的接线端烫锡。

4. 功能检查

在消防控制室进行总机与所有消防电话分机、电话插孔之间互相呼叫与通话，呼叫铃声、通话应语音清晰，无振鸣。总机显示每部分机或电话插孔的位置，总机自检、消音、复位以及群呼、录音、记录和显示等功能完好。

5. 复位自检

保养完成后，对消防电话总机进行复位和自检操作，等待2min，观察消防电话主机是否处于正常监视状态。

6. 记录检查测试情况

填写《建筑消防设施维护保养记录表》。

要点 037 消防增（稳）压设施的保养

职业功能	工作内容	技能要求	相关知识要求	分项考点	分数	总分
3 设施保养	3.3 其他消防设施保养	3.3.7能保养消防增（稳）压设施	3.3.7 消防增（稳）压设施的保养方法	1. 工作环境检查	0.1	0.7
				2. 水箱保养	0.1	
				3. 稳压装置保养	0.1	
				4. 气压罐及供水附件保养	0.4	

消防设施维护保养人员应根据维护保养计划，在规定的周期内对前述项目分别实施保养。保养应结合外观检查和功能测试进行，通常采用清洁、紧固、调整、润滑的方法。对电气元器件的清洁应使用吸尘器或软毛刷等工具，其他组件可使用不太湿的抹布进行擦拭；对损坏件应及时维修或更换。

1. 工作环境检查

工作环境检查和电气控制柜的保养方法同消防泵组及电气控制柜保养。

2. 水箱保养

针对检查发现的问题，及时采取加固或维修措施。如水箱水量达不到设计要求，经查是液位开关问题，需对液位开关进行调整或维修、更换；如水质较差，经查是水箱污染所致，则需对水箱进行清洗作业。以不锈钢消防水箱为例，其清洗流程如下

（1）关闭进水阀，打开排污阀，使水箱中的余水排尽。

（2）用干净拖把或抹布对水箱周边和底部进行清洁，底部积垢严重的，可用软毛巾加清洁剂擦洗。

（3）打开进水阀，放入适量清水冲洗箱壁及底部，排除清洗产生的污水，必要时可重复进行多次，直到排污口出流满足要求为止。

（4）关闭排污阀，打开进水阀，补充水箱水至设计水位。

3. 稳压装置保养

（1）对泵体和电气外壳进行清洁、除锈。

（2）对各连接部件螺栓进行紧固。

（3）对阀门进行启闭功能测试、启闭状态核查和润滑，损坏的及时更换。

（4）检查润滑油油质，到期或变质、掺水的润滑油应更换。

（5）手动盘车，对泵体盘根填料进行检查或更换。

（6）测量电动机、电缆绝缘和接地电阻，查看电缆破损和连接松动情况，及时进行维修和更换。

（7）利用测试管路泄压，观察稳压泵自动启停和运转情况；再次泄压，观察稳压泵交替运行情况。启停功能、双泵交替运行功能不正常的，分别对泵体、电气控制柜等相关组件进行检查和维修。

4. 气压罐及供水附件保养

（1）对外观进行清洁、补漆和除锈。

（2）对各阀门启闭功能和启闭状态进行检查，转动不灵活的进行润滑。

（3）管道泄压，发现稳压泵自动启停和消防水泵启动压力设定不正确的，对压力开关或压力变送器等进行调整、维修或更换。

（4）经检查确认是气压罐本体损伤的，建议由气压罐生产厂家进行维修处理。

要点 038　消防应急广播系统的保养

职业功能	工作内容	技能要求	相关知识要求	分项考点	分数	总分
3 设施保养	3.3 其他消防 设施保养	3.3.3 能保 养消防应急 广播设备和 扬声器	3.3.3 消防 应急广播设 备和扬声器 的保养内容 和方法	1. 接通电源	0.1	0.7
				2. 外观检查保养	0.1	
				3. 接线检查保养	0.1	
				4. 功能检查	0.1	
				5. 复位自检	0.1	
				6. 记录检查测试情况	0.2	

一、操作准备

1. 熟悉消防应急广播设备系统、火灾自动报警系统。

2. 准备吸尘器、清洁的干软布、螺丝刀、锡锅。

3. 准备消防工程竣工图纸、火灾自动报警系统相关材料、《建筑消防设施维护保养记录表》。

二、操作步骤

1. 接通电源

使消防应急广播设备系统、火灾自动报警系统设备处于正常工作状态。

2. 外观检查保养

用吸尘器、清洁的干软布等清除机壳、扬声器表面及所有接线端子处的灰尘。对所有按键进行按下、弹起操作。

3. 接线检查保养

用螺丝刀紧固接线端子，对锈蚀的接线端烫锡。

4. 功能检查

在手动状态和自动状态下启动消防应急广播，监听扬声器应有声音输出，语音清晰不失真。距扬声器正前方 3 m 处，用数字声级计测量消防应急广播声压级（A 权计）不应小于 65 dB，且不应大于 11.5 dB。在自动状态下测试广播与火灾声警报交替循环播放功能，消防应急广播能与火灾声警报分时交替循环播放。

5. 复位自检

保养完成后，对消防应急广播系统进行复位和自检操作，等待 2min，观察消防应急广播系统是否处于正常监视状态。

6. 记录检查测试情况

填写《建筑消防设施维护保养记录表》。

要点 039　消防应急照明和疏散指示系统控制器的保养

职业功能	工作内容	技能要求	相关知识要求	分项考点	分数	总分
3 设施保养	3.3 其他消防设施保养	3.3.5 能保养消防应急照明和疏散指示系统控制器	3.3.5 消防应急照明和疏散指示系统控制器的保养内容和方法	1. 外观检查	0.1	0.7
				2. 稳定性检查	0.1	
				3. 接线检查	0.1	
				4. 功能调试	0.1	
				5. 记录检查测试情况	0.3	

一、操作准备

1. 熟悉消防应急照明和疏散指示系统。

2. 准备吸尘器、清洁的干软布、螺丝刀、锡锅。

3. 准备消防应急照明和疏散指示系统的系统图及平面布置图、《建筑消防设施维护保养表》。

二、操作步骤

1. 外观检查

使用吸尘器、清洁的干软布等清除机壳表面、通风格栅内及所有接线端子处的灰尘。

2. 稳定性检查

消防应急照明灯具及疏散指示标志应紧固在墙壁或其他固定位

置上，位置不发生偏移；若发生松动，则用螺丝刀紧固。

3. 接线检查

接线端子应无松动、无锈蚀现象。若发生松动，则用螺丝刀紧固；若有锈蚀现象，则将接线端除锈烫锡。

4. 功能调试

（1）自检功能。按下应急照明控制器面板的"自检"键，对本机及面板上的所有指示灯、显示屏、音响器件进行功能检查。

（2）消音、故障报警功能。应急照明控制器在与其相连的任一灯具的光源开路或短路、电池开路或短路、主电欠压时，或与每台应急电源和各应急照明分配电装置之间连接线开路或短路时，发出故障声、光信号，指示故障部位，按下控制面板"消音"键，消除报警声。

（3）一键启动（强启）功能。手动操作应急照明控制器的"一键启动"按钮，应急照明控制器应发出系统手动应急启动信号，控制应急启动输出干接点动作，发出启动声、光信号，显示并记录系统应急启动类型和系统应急启动时间。

（4）主、备电的自动转换功能。灯具采用集中电源供电时，应能手动控制集中电源转入蓄电池电源输出；灯具采用自带蓄电池供电时，应能手动控制应急照明配电箱切断电源输出。

5. 记录检查测试情况

填写《建筑消防设施维护保养记录表》。

要点 040 防（排）烟风机的保养

职业功能	工作内容	技能要求	相关知识要求	分项考点	分数	总分
3 设施保养	3.3 其他消防设施保养	3.3.6 能保养防烟排烟系统各组件	3.3.6 防烟排烟系统各组件的保养内容和方法	1. 检查风机启停功能	0.1	0.7
				2. 断电挂牌		
				3. 检查部件	0.1	
				4. 检查绝缘		
				5. 检查传动带	0.1	
				6. 检查垫片和密封		
				7. 清洁电动机及风滤器	0.2	
				8. 添加润滑油		
				9. 检查阀门动作情况	0.1	
				10. 检查测量参数		
				11. 运转试验	0.1	
				12. 恢复运行		

一、操作准备

1. 熟悉机械防烟、排烟系统。

2. 准备螺丝刀、扳手等维修工具，接地电阻测试仪、绝缘电阻测试仪、万用表等检查测试工具，吸尘器、毛刷、毛巾等清洁工具，油壶等润滑工具，安全标志牌。

3. 准备系统设计文件、相关产品资料、《建筑消防设施维护保养记录表》等。

二、操作步骤

1. 检查风机启停功能

手动开启风机，风机应正常运转平稳、无异常振动与声响。在消防控制室手动控制风机的启动、停止，风机的启动、停止状态信号应能反馈到消防控制室。

2. 断电挂牌

断开主电源，挂上安全标志牌，检查电动机接地是否良好。

3. 检查部件

检查并加固各部分松动的螺栓及联轴器。

4. 检查绝缘

检测电动机的绝缘电阻，检查主回路接触点。

5. 检查传动带

调整传动带松紧，用手转动带轮，观察转动是否良好。

6. 检查垫片和密封

检查、更换各接合面间的垫片和密封填料。

7. 清洁电动机及风滤器

清洁电动机及风滤器和机壳内部。

8. 添加润滑油

向转动部位加润滑油，保证联轴器及轴承的灵活性及稳定性。

9. 检查阀门动作情况

检查调节阀的机械开闭动作、开闭角度标志。

10. 检查测量参数

手动开机测定三相电流值，检查指示灯和电压、电流表，听风机各部件运行声音。

11. 运转试验

连续运转 5~7min，验证风机运转正常。

12. 恢复运行

系统恢复正常运行状态，记录维护保养情况并清理作业现场，填写《建筑消防设施维护保养记录表》。

要点 041　消防电梯挡水和排水设施的保养

职业功能	工作内容	技能要求	相关知识要求	分项考点	分数	总分
3 设施保养	3.3 其他消防设施保养	3.3.4 能保养消防电梯挡水、排水设施	3.3.4 消防电梯挡水、排水设施的保养内容和方法	1. 消防电梯挡水的保养内容、要求	0.1	0.7
				2. 消防电梯挡水的保养方法		
				3. 排水井保养要求	0.1	
				4. 排水井保养方法	0.1	
				5. 排水泵的保养要求	0.1	
				6. 排水泵的保养方法	0.1	
				7. 电气控制柜的保养要求	0.1	
				8. 电气控制柜的保养方法	0.1	

一、操作准备

1. 熟悉消防电梯系统、电梯轿厢井底排水装置、控制柜。

2. 准备螺丝刀、扳手等维修工具，卷尺等检查测试工具，吸尘器、毛刷、毛巾等清洁工具，油壶等润滑工具，安全标志牌。

3. 准备系统设计文件、相关产品资料、《建筑消防设施维护保养记录表》等。

二、操作步骤

火灾时，为防止灭火时的消防积水淹没消防电梯导致消防电梯失去功能，消防电梯的井底应设置排水设施。排水井的容量不应小于 $2m^3$，排水泵的排水量不应小于 10L/s。消防电梯间前室的门口宜设置挡水设施。

1. 挡水设施保养内容

消防电梯前室如设有挡水漫坡，应无破损，高度为4～5cm。

2. 挡水设施保养方法

对破损处进行修补。

3. 排水井保养要求

（1）井体外观完好，无渗漏、表面开裂和脱落情况。

（2）井底无杂物和淤泥。

（3）采用抽排措施的，液位开关启、停泵标定正确，功能正常，排水井有效容积符合设计要求。

（4）采用直排措施的，排水通道畅通，防倒灌措施完好。

4. 排水井保养方法

（1）进行修补或清理。

（2）核查液位开关启、停泵水位标定，计算有效容积，达不到设计要求的应进行调整。

（3）模拟液位开关动作，核查启、停泵情况，对液位开关损坏的应及时进行维修或更换。

5. 排水泵的保养要求

（1）管路阀门外观完好，启闭功能和状态正常。

（2）泵体外壳完好，无破损、锈蚀。

（3）叶轮转动灵活，无卡滞。

（4）润滑油充足，无变质、掺水。

（5）电动机绝缘正常，紧固螺栓无松动，电缆无破损和连接松动。

（6）排水泵运转正常，排水能力符合设计要求。

6. 排水泵的保养方法

（1）进行外表清洁、除锈。

（2）进行阀门启闭功能测试、启闭状态核查和润滑，损坏的阀门及时更换。

（3）手动盘车，如有卡滞和异响及时进行维修。

（4）目测检查润滑油油质，对到期或变质、掺水的进行更换。

（5）紧固各连接部件螺栓，检查电动机、电缆绝缘，目测电缆破损和连接松动情况，及时维修和更换。

（6）手动启、停排水泵，观察运转情况，测试排水流量，达不到设计要求的进一步对排水泵、管路进行检修和疏通。

7. 电气控制柜的保养要求

（1）外观完好，仪表、指示灯正常，开关、按钮运转灵活，无卡滞。

（2）供电正常，双电源切换功能正常。

（3）控制柜内清洁，无积灰、杂物。

（4）电气连接紧密，无松动。

（5）控制柜功能正常。

8. 电气控制柜的保养方法

进行外观检查和功能测试，根据检查情况分别进行清洁、清理、紧固和维修（对电气部件清洁应使用吸尘器或软毛刷）。

要点 042　消防增（稳）压设施的保养

职业功能	工作内容	技能要求	相关知识要求	分项考点	分数	总分
3 设施保养	3.3 其他消防设施保养	3.3.7 能保养消防增（稳）压设施	3.3.7 消防增（稳）压设施的保养内容	1. 机房环境保养要求	0.1	0.7
				2. 消防水箱的保养要求	0.2	
				3. 稳压泵组的保养要求	0.2	
				4. 气压罐及供水附件保养要求	0.2	

一、操作准备

1. 熟悉消防稳压设施系统。

2. 准备螺丝刀、扳手等维修工具，卷尺等检查测试工具，吸尘器、毛刷、毛巾等清洁工具，油壶等润滑工具，安全标志牌。

3. 准备系统设计文件、相关产品资料、《建筑消防设施维护保养记录表》等。

二、操作步骤

1. 机房环境保养要求

（1）工作环境良好，无积灰和蛛网，无杂物堆放。

（2）防止被水淹没的措施完好。

（3）散热通风设施良好。

（4）设在室外时防雨措施应完好。

2. 消防水箱的保养要求

（1）水箱箱体和支架外观完好，组件齐全，无破损、渗漏。

（2）进出水和溢流、排污等管路阀门启闭状态正确，阀门转动灵活、无锈蚀。

（3）水位传感器和就地水位显示装置外观及功能正常。

（4）水箱水量和水质符合设计要求。

（5）合用水箱消防用水不作他用的技术措施完好。

（6）冬季防冻措施有效。

3. 稳压泵组的保养要求

（1）组件齐全，泵体和电动机外壳完好，无破损、锈蚀。

（2）设备铭牌标志清晰，叶轮转动灵活、无卡滞。

（3）润滑油充足，泵体、泵轴无渗水、砂眼。

（4）电动机绝缘正常，紧固螺栓无松动，电缆无老化、破损和连接松动。

（5）稳压泵运转正常，无异常振动或声响。

（6）稳压泵交替运行功能正常。

4. 气压罐及供水附件保养要求

（1）组件齐全，固定牢靠。

（2）外观无损伤、锈蚀。

（3）法兰及管道连接处无渗漏，进出水阀门启闭状态正确。

（4）压力表当前指示正常，稳压泵启停压力设定正确，联动启动消防主泵功能正常。

（5）出水水质符合要求。

规范填写《建筑消防设施维护保养记录表》。

第三篇

中级消防设施维保检测方向

要点 001　集中火灾报警控制器、消防联动控制器的手/自动切换

职业功能	工作内容	技能要求	相关知识要求	分项考点	分数	总分
2 设施操作	2.1 火灾自动报警系统操作	2.1.1 ★ 能切换集中火灾报警控制器、消防联动控制器工作状态	2.1.1 集中火灾报警控制器、消防联动控制器工作状态的调整方法	1. 切换控制器的工作状态（自动状态转自动状态）	0.5	1.3
				2. 切换控制器的工作状态（手动状态转手动状态）	0.5	
				3. 观察指示灯确认		
				4. 复位报警控制器	0.3	
				5. 填写记录		

一、操作准备

1. 熟悉集中火灾自动报警系统模型、相关联动设备。

2. 准备《建筑消防设施巡查记录表》。

二、操作步骤

1. 切换控制器的工作状态（自动状态转手动状态）

切换控制器的工作状态，并指出对应的特征变化（显示屏、指示灯特征）（手动允许时，自动指示灯不亮）（海湾）。

2. 切换控制器的工作状态（手动状态转自动状态）

切换控制器的工作状态，并指出对应的特征变化（显示屏、指

231

示灯特征)（自动允许时，自动允许指示灯点亮）（海湾）。

3. 记录检查测试情况

规范填写《建筑消防设施巡查记录表》。

要点 002　通过集中火灾报警控制器、消防联动控制器判别现场消防设备的工作状态

职业功能	工作内容	技能要求	相关知识要求	分项考点	分数	总分
2 设施操作	2.1 火灾自动报警系统操作	2.1.2 ★ 能通过集中火灾报警控制器、消防联动控制器判别现场消防设备的工作状态	2.1.2 集中火灾报警控制器、消防联动控制器查看现场消防设备工作状态的方法	1. 查看系统工作状态	0.5	1.3
				2. 查看现场消防设备所在的回路号		
				3. 根据指示筛选设备		
				4. 辨识并指出现场消防设备的工作状态	0.5	
				5. 复位	0.3	

一、操作准备

1. 熟悉集中火灾自动报警系统模型、消防联动控制器、现场消防设备。

2. 准备《建筑消防设施巡查记录表》。

二、操作步骤

1. 查看系统工作状态

通过集中火灾报警控制器、消防联动控制器的电源，检查确认

233

集中火灾报警控制器、消防联动控制器处于正常工作（监视）状态，显示屏、指示灯，系统工作状态自检、复位、消音、扬声器应正常。（做复位操作）

2. 查看现场消防设备所在的回路号

确认需要查看工作状态的现场消防设备所在的回路号和地址号。

3. 根据指示筛选设备

进入设备查看界面，根据现场消防设备类型、回路号、地址号进行筛选。（设备检查）

4. 辨识并指出现场消防设备的工作状态

（举例说明）

5. 复位

操作实验后恢复系统到正常工作状态。

6. 填写记录

规范填写《建筑消防设施巡查记录表》。

要点 003　通过集中火灾报警控制器、消防控制室图形显示装置查询历史信息

职业功能	工作内容	技能要求	相关知识要求	分项考点	分数	总分
2 设施操作	2.1 火灾自动报警系统操作	2.1.3 能通过集中火灾报警控制器、消防控制室图形显示装置查询历史信息	2.1.3 集中火灾报警控制器、消防控制室图形显示装置查询历史信息的方法	1. 确认正常工作状态	0.5	1.3
				2. 火灾报警控制器信息查询		
				3. 图形显示装置查询历史记录信息	0.5	
				4. 复位		
				5. 记录	0.3	

一、操作准备

1. 熟悉集中火灾自动报警系统模型、消防控制室图形显示装置。
2. 准备《建筑消防设施巡查记录表》。

二、操作步骤

1. 确认正常工作状态

接通集中火灾报警控制器、消防控制室图形显示装置的电源，检查确认集中火灾报警控制器、消防控制室图形显示装置处于正常工作监视状态。

2. 火灾报警控制器信息查询

进入集中火灾报警控制器历史查询界面，查看控制器上反映的历史信息。

3. 图形显示装置历史记录信息

进入消防控制室图形显示装置历史记录查询界面，查看装置上都反映了哪些历史记录信息，通过历史记录组合筛选的方式，查询所需要的历史记录信息。

4. 复位

操作实验后将系统恢复到正常监视状态。

5. 记录

规范填写《建筑消防设施巡查记录表》。

要点 004　操作总线控制盘

职业功能	工作内容	技能要求	相关知识要求	分项考点	分数	总分
2 设施操作	2.1 火灾自动报警系统操作	2.1.4★能通过总线式消防联动控制器启动警报装置，手动启动加压送风口、加压送风机排烟阀、排烟机，释放防火卷帘、关闭常开型防火门、切断非消防电源，迫降电梯	2.1.4 总线式消防联动控制器的手动操作方法	1. 确认总线控制盘电源工作状态	0.5	1.3
				2. 确认为手动允许状态		
				3. 找到对应启动单元	0.5	
				4. 启动设备及叙述启动及反馈信息		
				5. 恢复初始状态	0.3	

一、操作准备

1. 熟悉总线控制盘。

2. 准备火灾自动报警系统图、设置火灾自动报警系统的建筑平面图、消防设备联动逻辑说明或设计说明、设备使用说明书、《建筑消防设施巡查记录表》。

二、操作步骤

1. 确认总线控制盘电源工作状态

打开电源开关，接通电源后总线控制盘工作运行指示灯应处于点亮状态（海湾无）。

2. 确认为手动允许状态

如果面板设有手动锁，操作前要通过面板钥匙将手动工作模式操作权限切换至允许状态，这时允许指示灯点亮。

3. 找到对应启动单元

对照消防设备地址码与编码位置表，在总线控制盘上查找到控制该设备的手动控制单元。

4. 启动设备及叙述启动及反馈信息

按下操作按钮，现场检查设备的动作情况，如果启动指示灯处于常亮状态，表示总线控制盘手动操作单元已发出启动命令，等待反馈；当反馈指示灯处于常亮状态时，表示现场设备已启动成功，并将启动信息反馈回来。

5. 恢复

再次按下启动按钮，命令取消。若反馈指示灯仍处于常亮状态，复位现场设备后，再复位消防联动控制器。

6. 记录检查测试情况

规范填写《建筑消防设施巡查记录表》。

要点 005　操作多线控制盘

职业功能	工作内容	技能要求	相关知识要求	分项考点	分数	总分
2 设施操作	2.1 火灾自动报警系统操作	2.1.5 ★ 能通过消防联动控制器的直接手动控制单元启动消防泵组、防烟和排烟风机	2.1.5 消防联动控制器直接手动控制单元的操作方法	1. 确认手动控制盘电源工作状态	0.5	1.3
				2. 确认为手动允许状态		
				3. 找到对应启动单元	0.5	
				4. 启动设备及叙述启动及反馈信息		
				5. 恢复初始状态	0.3	

一、操作准备

1. 熟悉多线控制盘。

2. 准备火灾自动报警系统图、设置火灾自动报警系统的建筑平面图、消防设备联动逻辑说明或设计说明、设备使用说明书、《建筑消防设施巡查记录表》。

二、操作步骤

1. 确认手动控制盘电源工作状态

接通电源，多线控制盘正常运行，绿色工作指示灯应处于常亮状态。

2. 确认为手动允许状态

通过面板钥匙将手动工作模式操作权限由禁止切换到允许状态。

3. 找到对应启动单元

在多线控制盘上查找到控制该设备的手动控制单元。

4. 启动设备及叙述启动及反馈信息

按下控制该设备的启动操作按钮，如果启动指示灯处于常亮状态，表示多线控制盘手动控制单元已发出启动命令等待反馈；当反馈指示灯处于常亮状态时，表示现场设备已启动成功，并将启动信息反馈回来。

5. 恢复

操作结束后将系统恢复到正常工作状态。再次按下启动按钮，命令取消。若反馈指示灯仍处于常亮状态，复位现场设备后，再复位消防联动控制器。

6. 记录检查测试情况

规范填写《建筑消防设施巡查记录表》。

要点 006　测试线型火灾探测器的火警和故障报警功能

职业功能	工作内容	技能要求	相关知识要求	分项考点	分数	总分
2 设施操作	2.1 火灾自动报警系统操作	2.1.6 能模拟测试线型火灾探测器的火警和故障报警功能	2.1.6 线型火灾探测器的火警和故障报警功能测试方法	1. 确认线型光束感烟火灾探测器电源工作状态	0.5	1.3
				2. 线型光束感烟火灾探测器功能测试		
				3. 线型感温火灾探测器功能测试	0.5	
				4. 复位	0.3	
				5. 记录		

一、操作准备

1. 熟悉线型光束感烟火灾探测器、线型感温火灾探测器、火灾报警控制器。

2. 准备滤光片、热水和秒表等工具。

3. 准备《建筑消防设施巡查记录表》。

二、操作步骤

1. 确认线型光束感烟火灾探测器电源工作状态

确认线型光束感烟火灾探测器、线型感温火灾探测器与火灾报

警控制器连接正确并接通电源，此时系统处于正常监视状态。（设备检查）

2. 线型光束感烟火灾探测器功能测试

测试线型光束感烟火灾探测器火灾报警、故障报警功能。

（1）选择减光值为 0.4dB 的滤光片。

（2）将滤光片置于线型光束感烟火灾探测器的光路中，并尽可能靠近接收器。

（3）30s 内探测器报警确认灯点亮，火灾报警控制器应发出火警信号。

（4）选择减光值为 11.5dB 的滤光片。

（5）将滤光片置于线型光束感烟火灾探测器的发射器与接收器之间，并尽可能靠近接收器的光路上。

（6）线型光束感烟火灾探测器应故障确认灯点亮，火灾报警控制器发出故障声、光报警号。

3. 线型感温火灾探测器功能测试

测试线型感温火灾探测器火灾报警、故障报警功能。

（1）在距离终端和 0.3m 的部位，使用温度不低于 54℃的热水持续对线型缆式感温火灾探测器的感温电缆进行加热。

（2）线型感温火灾探测器应在 30s 以内发出火灾报警信号，探测器红色报警确认灯点亮，火灾报警控制器显示火警信号。

（3）拆除连接处理信号单元与终端盒之间任意端线型感温火灾探测器的感温电缆。

（4）线型感温火灾探测器黄色故障报警确认灯点亮，火灾报警控制器显示故障报警信号。

（5）将线型感温火灾探测器恢复原状，复位火灾报警控制器。

4. 复位

操作结束后将系统恢复到正常工作状态。按复位键复位消防联动控制器。

5. 记录

规范填写《建筑消防设施巡查记录表》。

要点 007　测试火灾显示盘功能

职业功能	工作内容	技能要求	相关知识要求	分项考点	分数	总分
2 设施操作	2.1 火灾自动报警系统操作	2.1.7 能手动检查火灾显示盘，模拟测试火灾显示盘的火警、故障报警、消音和复位功能	2.1.7 火灾显示盘的分类和功能测试方法	1. 确认火灾显示盘电源工作状态	0.2	1.5
				2. 火灾显示盘自检功能测试	0.5	
				3. 火灾显示盘故障报警功能测试		
				4. 火灾显示盘火灾报警功能测试	0.5	
				5. 火灾显示盘消音功能测试		
				6. 火灾显示盘复位功能测试	0.3	
				7. 记录		

一、操作准备

1. 熟悉火灾显示盘。

2. 准备火灾自动报警系统图、设置火灾自动报警系统的建筑平面图、消防设备联动逻辑说明或设计说明、火灾显示盘的使用说明书、《建筑消防设施巡查记录表》。

二、操作步骤

1. 确认火灾显示盘电源工作状态

接通电源时，火灾报警控制器连接的火灾显示盘处于正常运行状态。

2. 火灾显示盘自检功能测试

测试火灾显示盘自检功能。按下面板的自检按钮，火灾显示盘自动对各种显示器件进行检查。

3. 火灾显示盘故障报警功能测试

测试火灾显示盘故障报警功能。具有故障显示功能的火灾显示盘应设有专用故障总指示灯，当有故障信号存在时，该指示灯点亮。

将具有故障显示功能的火灾显示盘所辖区域内任意一只感烟火灾探测器或感温火灾探测器从其底座上拆卸下来，火灾显示盘在火灾报警控制器发出故障信号后 3s 内发出故障，声光信号指示故障发生位置，黄色故障指示灯点亮。

4. 火灾显示盘火灾报警功能测试

测试火灾显示盘火灾报警功能。利用火灾探测器加烟器向所辖区域内任意一只感烟火灾探测器加烟或直接按下手动火灾报警按钮报警，火灾显示盘应能接收火灾报警信号，指示火灾报警状态的红色指示灯点亮并发出火灾报警声光信号，显示火灾发生部位。

5. 火灾显示盘消音功能测试

测试火灾显示盘消音功能。当模拟所辖区域内火灾报警或故障报警时，火灾显示盘应能接收信号，并发出火灾报警或故障报警声信号。按下火灾显示盘消音键可消除当前报警声，消音指示灯点亮，也可按下火灾报警控制器消音键使火灾显示盘消音。

6. 火灾显示盘复位功能测试

测试火灾显示盘复位功能。将拆卸的火灾探测器探头重新安装到底座上，消除探测器内及周围烟雾，更换或复位手动火灾报警按钮的启动零件，然后按下火灾报警控制器复位键，火灾显示盘复位，恢复正常监视状态。

7. 记录检查情况

规范填写《建筑消防设施巡查记录表》。

要点 008　区分自动喷水灭火系统的类型

职业功能	工作内容	技能要求	相关知识要求	分项考点	分数	总分
2 设施操作	2.2 自动灭火系统操作	2.2.1 能区分自动喷水灭火系统的类型	2.2.1 湿式、干式自动喷水灭火系统的分类、组成和工作原理	1. 区分湿式、干式自动喷水灭火系统	0.5	1.3
				2. 湿式自动喷水灭火系统的组成	0.5	
				3. 湿式自动喷水灭火系统的工作原理		
				4. 干式自动喷水灭火系统的组成	0.3	
				5. 干式自动喷水灭火系统的工作原理		

一、操作准备

熟悉湿式、干式自动喷水灭火系统。

二、操作步骤

1. 区分湿式、干式自动喷水灭火系统

2. 湿式自动喷水灭火系统的组成

由闭式喷头、湿式报警阀组、水流指示器、末端试水装置、管道和供水设施等组成。

246

3. 湿式自动喷水灭火系统的工作原理

湿式报警系统在准工作状态时，由消防水箱或稳压泵、气压给水设备等稳压设施维持管道内充水的压力。

发生火灾时，火源周围环境温度上升，闭式喷头受热后开启喷水，水流指示器动作并反馈信号至消防控制中心报警控制器，指示起火区域；湿式报警阀系统侧压力下降，造成湿式报警阀水源侧压力大于系统侧压力，湿式报警阀被自动打开，消防水箱出水管上的流量开关、消防水泵出水干管上的压力开关或报警阀组的压力开关动作并输出启动消防水泵信号，完成系统的启动。

系统启动后，由消防水泵向开放的喷头供水，开放的喷头按不低于设计规定的喷水强度均匀喷洒，实施灭火。

4. 干式自动喷水灭火系统的组成

由闭式喷头、干式报警阀组、充气和气压维持设备、水流指示器、末端试水装置、管道及供水设施等组成。

5. 干式自动喷水灭火系统的工作原理

干式系统在准工作状态时，由消防水箱或稳压泵、气压给水设备等稳压设施维持水源侧管道内充水的压力，系统侧管道内充满有压气体（通常采用压缩空气），报警阀处于关闭状态。

发生火灾时，闭式喷头受热开启，管道中的有压气体从喷头喷出，干式报警阀系统侧压力下降，造成干式报警阀水源侧压力大于系统侧压力，干式报警阀被自动打开，压力水进入供水管道，将剩余压缩空气从系统立管顶端或横干管最高处的排气阀或已打开的喷头处喷出，然后喷水灭火；消防水箱出水管上的流量开关、消防水泵出水干管上的压力开关或报警阀组的压力开关动作并输出启动消防水泵信号，完成系统的启动。

系统启动后，由消防水泵向开放的喷头供水，开放的喷头按不低于设计规定的喷水强度均匀喷洒，实施灭火。

要点 009　操作消防泵组电气控制柜

职业功能	工作内容	技能要求	相关知识要求	分项考点	分数	总分
2 设施操作	2.2 自动灭火系统操作	2.2.2★能切换湿式、干式自动喷水灭火系统电气控制柜的工作状态，手动启/停泵组	2.2.2 自动喷水灭火系统消防泵组的操作方法	1. 检查确认系统处于完好有效状态	0.2	1.5
				2. 实施主/备泵切换操作	0.5	
				3. 实施主/备电切换操作		
				4. 分别模拟主电和主泵故障测试，备电和备泵自动投入情况	0.5	
				5. 实施手动启动、停止消防水泵操作		
				6. 记录检查测试情况	0.3	

一、操作准备

1. 熟悉湿式、干式自动喷水灭火系统（水池、管路、泵组、控制柜）。

2. 准备电工手套。

3. 准备《建筑消防设施巡查记录表》。

二、操作步骤

1. 检查确认系统处于完好有效状态

2. 实施主/备泵切换操作

操作控制柜面板实施手/自动转换和主/备泵切换。转换开关处于中间挡位时，代表手动运行状态，消防水泵启停通过控制柜面板启动按钮操作，自动控制失效。转换开关悬置左挡位时，代表1号泵为主泵、2号泵为备泵简称1主2备。

转换开关旋至右挡位时，代表2号泵为主泵、1号泵为备泵，简称2主1备。

无论转换开关处于左挡位还是右挡位，均代表自动运行状态，此时系统能够实现主泵自动启动功能，控制柜面板手动控制失效。运行过程中，当主泵发生故障时，备用泵能够自动投入运行。

3. 实施主/备电切换操作

（1）检查确认当前为常用电源供电状态。（常用电源）电源指示灯常亮。

（2）将运行模式切换按钮置于手动模式。

（3）旋转手柄至备用电源供电状态，观察常用电源指示灯熄灭、备用电源指示灯点亮。

（4）旋转手柄至常用电源供电状态，将运行模式开关切换为自动模式。

4. 分别模拟主电和主泵故障测试，备电和备泵自动投入情况

（1）检查确认双电源转换开关处于自动运行模式，切断主电源，观察备用电源自动投入使用后，恢复主电源供电。

（2）确认控制柜处于自动运行模式，采用末端试水装置处放水等方式，使压力开关动作，主泵启动并运行平稳后，模拟主泵故障切断主泵开关或模拟主泵热继电器动作，观察备用泵应能自动投入运转，手动停泵后使系统恢复正常运行状态。

5. 实施手动启动、停止消防水泵操作

（1）确认控制柜处于手动运行模式。

（2）按下任意消防水泵启动按钮，观察仪表指示灯、电动机运转情况。

（3）按下对应的消防水泵停止按钮，观察仪表指示灯、电动机运转情况。

（4）控制柜恢复自动运行模式。

6. 记录检查测试情况

规范填写《建筑消防设施巡查记录表》。

要点 010 切换增（稳）压泵组电气控制柜的工作状态，手动启/停泵组

职业功能	工作内容	技能要求	相关知识要求	分项考点	分数	总分
2 设施操作	2.2 自动灭火系统操作	2.2.3 能切换增（稳）压泵组电气控制柜的工作状态，手动启/停泵组	2.2.3 消防增（稳）压设施的分类、组成和操作方法	1. 消防增（稳）压设施的分类	0.8	1.3
				2. 消防增（稳）压设施的组成		
				3. 消防增（稳）压设施的操作方法	0.5	

一、操作准备

1. 熟悉消防稳压系统。
2. 准备消防稳压系统设计文件、《建筑消防设施巡查记录表》。

二、操作步骤

1. 消防增（稳）压设施的分类

（1）按稳压工作形式可分为：胶囊式消防稳压设施、补气式消防稳压设施、消防无负压（叠压）稳压系统。

（2）按安装位置可分为：上置式和下置式。

（3）按气压罐设置方式分为：立式和卧式。

（4）按服务系统分为：消火栓用、自动喷水灭火系统用或两者合用。

2. 消防增（稳）压设施的组成

泵组、管道阀门及附件、测控仪表、操控柜。

3. 消防增（稳）压设施的操作方法

要点 011　使用消防电话

职业功能	工作内容	技能要求	相关知识要求	分项考点	分数	总分
2 设施操作	2.3 其他消防设施操作	2.3.1 能使用消防电话总机、消防电话分机进行通话	2.3.1 消防电话总机、消防电话分机和消防电话插孔的使用方法	1. 查看消防电话系统处于正常监控状态	0.5	1.3
				2. 消防电话总机呼叫消防电话分机并通话		
				3. 消防电话分机呼叫消防电话总机并通话	0.5	
				4. 消防电话手柄拨打消防电话总机		
				5. 记录	0.3	

一、操作准备

1. 熟悉消防电话总机、消防电话分机和消防电话插孔。

2. 准备消防电话系统设计文件、设置消防电话系统的建筑平面图、消防电话安装使用说明书、《建筑消防设施巡查记录表》。

二、操作步骤

1. 查看消防电话系统处于正常监控状态

将消防电话总机与至少三部消防电话分机和消防电话插孔连

接,使消防电话总机与所连的消防电话分机、消防电话插孔处于正常监视状态。消防电话总机屏幕上显示"系统运行正常"和当前日期、时间,绿色工作指示灯常亮。

2. 消防电话总机呼叫消防电话分机并通话

以呼叫编号为 13 号的消防水泵房消防电话分机为例:

(1) 拿起消防电话主机话筒,按下键盘区的第 13 号按键,屏幕显示消防电话总机呼叫 13 号消防电话分机,按键对应的红色指示灯闪亮,消防水泵房消防电话分机将振铃,消防电话主机话筒听到回铃音。

(2) 拿起消防水泵房消防电话分机话筒便可与消防电话主机通话,通话时语音应清晰,屏幕显示消防电话总机与 13 号消防电话分机正在通话中,消防电话总机对通话自动录音,呼叫时间被记录保存,主机"通话"和"录音"指示灯常亮。

(3) 要挂断通话的消防电话分机,只需再按下其所对应的按键,也可按"挂断"键挂断,还可通过将消防电话主机话筒或消防电话分机话筒挂机的方式来挂断通话。通话结束,消防电话系统恢复正常工作状态。

3. 消防电话分机呼叫消防电话总机并通话

(1) 消防水泵房消防电话分机摘机后可听到回铃音,消防电话总机屏幕显示呼入的是编号为 13 号消防水泵房消防电话分机,消防电话总机发出声、光报警,呼叫灯点亮,呼叫时间被记录保存,消防电话分机对应的红色指示灯闪亮。

(2) 取下消防电话总机听筒,声、光报警停止,即可与消防电话分机通话,通话语音应清晰。此时通话灯亮,消防电话总机对通话自动录音。

(3) 将消防电话分机话筒挂机,挂断通话,消防电话系统恢复正常工作状态。

4. 消防电话手柄拨打消防电话总机

将消防电话手柄连接线端部插头插入任意一个消防电话插孔,

可自动呼叫消防电话总机，同时消防电话手柄中有提示音，消防电话总机应答后即可通话，通话语音应清晰。

5. 记录检查测试情况

规范填写《建筑消防设施检测记录表》。

要点 012　使用消防应急广播系统

职业功能	工作内容	技能要求	相关知识要求	分项考点	分数	总分
2 设施操作	2.3 其他消防设施操作	2.3.2★能使用消防应急广播设备录制、播放疏散指令，能使用话筒广播紧急事项	2.3.2 消防应急广播设备的操作方法	1. 接通电源	0.3	1.3
				2. 录制疏散指令	0.8	
				3. 播放疏散指令		
				4. 使用话筒广播紧急事项	0.2	

一、操作准备

1. 熟悉消防应急广播系统。

2. 准备消防应急广播系统设计文件、设置消防应急广播系统的建筑平面图、消防应急广播系统的安装使用说明书、《建筑消防设施巡查记录表》。

二、操作步骤

1. 接通电源

确保消防应急广播系统处于正常工作状态，主机绿色工作状态灯常亮，显示屏显示当前日期和时间。

2. 录制疏散指令（两种方法）

（1）SD 卡录制

1）在计算机中把将要导入的文件复制在 SD 卡根目录下。

256

2）将 SD 卡插入消防应急广播主机 SD 卡槽中，按下"文件导入"按键，设备自动进行文件导入，进度条显示文件导入进度。

3）进度条读满返回待机界面，文件导入完毕。

（2）使用话筒录制

1）拿起挂在主机上的话筒，按下话筒的开关，话筒工作指示灯点亮。

2）按下"文件导入"键，话筒录音开始。

3）按下停止键或松开话筒的开关，退出话筒预录音模式，此时应急广播播放的音频文件为话筒录制的内容。

3. 播放疏散指令

（1）按下"应急"按键，启动应急广播播音模式，消防应急广播主机播放预录的应急疏散指令。

（2）消防应急广播主机显示屏显示"应急广播模式"及广播分区，"应急"按键红色指示灯点亮。

4. 使用话筒广播紧急事项

（1）拿起挂在主机上的话筒，按下话筒的开关，话筒工作指示灯点亮。

（2）对着话筒按所选广播分区进行紧急事项广播，录放盘自动进入语音播报状态，并对播报内容自行录音保存。

（3）松开话筒开关，系统自动返回播音前状态。

5. 记录检查测试情况

规范填写《建筑消防设施检测记录表》。

要点 013 手动操作防烟排烟系统

职业功能	工作内容	技能要求	相关知识要求	分项考点	分数	总分
2 设施操作	2.3 其他消防设施操作	2.3.3 ★ 能手动操作加压送风口,调整加压送风机的电气控制柜工作状态,手动启/停送风机	2.3.3 防烟系统的分类和正压送风口、送风机的操作方法	1. 防烟系统的分类	0.5	1.5
				2. 检查确认各系统处于完好有效状态		
				3. 切换风机控制柜工作状态及风机的启动	0.5	
				4. 现场手动操作常闭式加压送风口		
				5. 记录检查测试情况	0.5	

一、操作准备

1. 熟悉机械加压送风系统、机械排烟系统、火灾自动报警及联动控制系统。

2. 准备电工手套、梯具等检查、测试工具。

3. 准备系统设计文件、产品使用说明书、《建筑消防设施巡查记录表》。

二、操作步骤

1. 防烟系统的分类

自然通风方式、机械加压送风方式。

2. 检查确认各系统处于完好有效状态

3. 切换风机控制柜工作状态及风机的启动

（1）打开风机控制柜柜门，将双电源转换开关置于手动控制模式，并切换为备用电源供电状态。

（2）将控制柜面板手/自动转换开关置于"手动"位。

（3）实施手动启、停风机操作。

（4）将双电源转换开关置于自动控制模式，观察主电源应能自动投入使用。

（5）手/自动转换开关恢复"自动"位。

4. 现场手动操作常闭式加压送风口

（1）检查确认防烟风机控制柜处于"自动"运行模式，消防控制室联动控制器处于"自动允许"状态。

（2）打开送风口执行机构护板，找到执行机构钢丝绳拉环，用力拉动，观察常闭式加压送风口，应能正常打开。

（3）观察送风机启动情况和消防控制室信号反馈情况。

（4）将风机控制柜置于"手动"运行模式，手动停止风机运行，分别实施送风口复位、消防控制室复位操作。

（5）将风机控制柜恢复"自动"运行模式。

5. 记录检查测试情况

规范填写《建筑消防设施检测记录表》。

要点 014　排烟系统及组件的手动操作

职业功能	工作内容	技能要求	相关知识要求	分项考点	分数	总分
2 设施操作	2.3 其他消防设施操作	2.3.4★能手动操作挡烟垂壁、排烟窗、排烟阀、排烟口，调整排烟风机的电气控制柜工作状态，手动启/停排烟风机	2.3.4 排烟系统的分类和挡烟垂壁、排烟窗、排烟阀、排烟口、排烟机的操作方法	1. 排烟系统的分类	0.2	1.5
				2. 挡烟垂壁的操作方法	0.5	
				3. 排烟窗的操作方法		
				4. 排烟阀、排烟口的操作方法	0.6	
				5. 排烟机的操作方法		
				6. 记录检查测试情况	0.2	

一、操作准备

1. 熟悉机械排烟系统、火灾自动报警及联动控制系统。

2. 准备电工手套、梯具等检查、测试工具。

3. 准备系统设计文件、产品使用说明书、《建筑消防设施巡查记录表》。

二、操作步骤

1. 排烟系统的分类

自然通风方式、机械排烟方式。

2. 挡烟垂壁的操作方法

（1）挡烟垂壁接收到消防控制中心的控制信号后下降至挡烟工作位置。

（2）当配接的烟感探测器报警后，挡烟垂壁自动下降至挡烟工作位置。

（3）现场手动操作。

（4）系统断电时，挡烟垂壁自动下降至设计位置。

3. 排烟窗的操作方法

（1）通过火灾自动报警系统自动启动。

（2）消防控制室手动操作。

（3）现场手动操作。

（4）通过温控释放装置启动，释放温度应大于环境温度30℃且小于100℃。

4. 排烟阀、排烟口操作方法

（1）通过火灾自动报警系统自动启动。

（2）消防控制室手动操作。

（3）现场手动操作，排烟口的开启信号应与排烟风机联动。

5. 排烟机的操作方法

（1）打开风机控制柜柜门，将双电源转换开关置于手动控制模式，并切换为备用电源供电状态。

（2）将控制柜面板手/自动转换开关置于"手动"位。

（3）实施手动启、停风机操作。

（4）将双电源转换开关置于自动控制模式，观察主电源应能自动投入使用。

（5）手/自动转换开关恢复"自动"位。

6. 记录检查测试情况

规范填写《建筑消防设施检测记录表》。

要点 015　手动、机械方式释放防火卷帘

职业功能	工作内容	技能要求	相关知识要求	分项考点	分数	总分
2 设施操作	2.3 其他消防设施操作	2.3.5 能通过手动、机械方式释放防火卷帘	2.3.5 防火卷帘的操作方法	1. 检查确认各系统处于完好有效状态	0.5	1.5
				2. 手动释放防火卷帘		
				3. 机械方式释放防火卷帘	0.5	
				4. 恢复正常运行状态	0.5	
				5. 记录检查测试情况		

一、操作准备

1. 熟悉防火卷帘、火灾自动报警和联动控制系统。

2. 准备防火卷帘手动按钮盒专用钥匙、旋具（俗称起子、螺丝刀，以下用俗称螺丝刀）等。

3. 准备《建筑消防设施巡查记录表》。

二、操作步骤

1. 检查确认各系统处于完好有效状态

2. 手动释放防火卷帘

（1）使用专用钥匙解锁防火卷帘手动控制按钮，设有保护罩的应先打开保护罩；将消防联动控制器设置为"手动允许"状态。

（2）按下防火卷帘控制器或防火卷帘两侧设置的手动按钮盒按钮，控制防火卷帘下降、停止与上升，观察防火卷帘控制器声响、指示灯变化和防火卷帘运行情况。

（3）按下消防控制室联动控制器手动按钮远程控制防火卷帘下降，观察信号反馈。

（4）进行相关系统复位操作，记录系统检查情况。

3. 机械方式释放防火卷帘

（1）将手动拉链从防护罩（箱体）内取出，使其处于自然下垂状态。

（2）操作手动拉链控制防火卷帘下降与上升。

（3）操作手动速放装置，观察防火卷帘速放控制的有效性。

4. 恢复正常运行状态

5. 记录检查测试情况

规范填写《建筑消防设施检测记录表》。

要点 016　操作防火门监控器和常开式防火门

职业功能	工作内容	技能要求	相关知识要求	分项考点	分数	总分
2 设施操作	2.3 其他消防设施操作	2.3.6 能调整防火门监控器的工作状态，手动关闭常开式防火门	2.3.6 防火门监控器的操作方法	1. 检查确认各系统处于完好有效状态		1.5
				2. 切换防火门监控器主、备电供电状态和手/自动工作状态	0.5	
				3. 防火门监控器自检和消音操作	0.5	
				4. 手动关闭常开式防火门		
				5. 记录检查测试情况	0.5	

一、操作准备

1. 熟悉防火门监控系统、火灾自动报警及联动控制系统。
2. 准备防火门监控器柜门钥匙。
3. 准备防火门监控系统技术文件、《建筑消防设施巡查记录表》。

二、操作步骤

1. 检查确认各系统处于完好有效状态

2. 切换防火门监控器主、备电供电状态和手、自动工作状态

（1）检查防火门监控器面板，确认主、备电均处于正常状态。

（2）打开监控器柜门，断开主电源供电，观察备用电源自投和监控器报警及主电故障显示情况。

（3）恢复主电源供电，观察故障报警信息消除情况。

（4）切换手/自动工作状态，如需要密码，通过功能按键输入。

（5）使系统恢复正常运行状态。

3. 防火门监控器自检和消音操作

（1）按下自检按钮，观察音响部件及状态指示灯、显示屏的自检情况。

（2）断开主电源供电，听到故障报警声后按下消音键，观察声信号消除和光信号保持情况。

（3）模拟任一现场执行部件与监控器间的连接线断路，观察声信号再次启动情况。

（4）使系统恢复正常运行状态。

4. 手动关闭常开式防火门

分别实施常开式防火门现场手动关闭、消防控制室远程手动关闭和系统复位操作，观察防火门关闭效果、监控器相关声响和显示变化情况，核查相关反馈信息。

5. 记录检查测试情况

规范填写《建筑消防设施巡查记录表》。

要点 017　操作应急照明控制器

职业功能	工作内容	技能要求	相关知识要求	分项考点	分数	总分
2 设施操作	2.3 其他消防 设施操作	2.3.7 能调 整消防应急 照明及疏散 指示系统控 制器的工作 状态，手动 操作使其进 入应急工作 状态	2.3.7 消防 应急照明及 疏散指示系 统的分类和 操作方法	1. 确认应急照明控制器 工作状态	0.5	1.5
				2. 测试应急照明控制器 控制、显示功能		
				3. 自动应急启动测试	0.5	
				4. 手动应急启动测试		
				5. 记录检查测试情况	0.5	

一、操作准备

1. 熟悉应急照明控制器、应急照明集中电源、应急照明配电箱等配套系统产品，火灾报警控制器，消防联动控制器。

2. 准备消防应急照明和疏散指示系统的系统图、系统设备平面布置图、《建筑消防设施巡查记录表》。

二、操作步骤

1. 确认应急照明控制器工作状态

将应急照明控制器与应急照明集中电源、应急照明配电箱等配套系统产品相连，同时与火灾报警控制器、消防联动控制器连接，使应急照明控制器处于正常监控状态。

2. 测试应急照明控制器控制、显示功能

（1）检查与应急照明控制器连接的设备线路是否正确，无问题后接通电源，打开控制器电源开关，控制器开机完毕屏幕上应显示"系统监控"页面。

（2）登录完毕后，按"设备信息"键查询登录结果是否正确。

（3）在系统正常监控状态下，断开主电源开关，故障指示灯亮、主电工作指示灯灭，同时控制器应进入应急启动状态，发出应急声信号并显示相关应急启动信息和主电故障信息。

（4）在系统正常监控状态下，断开备用电源开关，故障指示灯亮、备电工作指示灯灭，同时控制器应发出故障声信号，并显示备电故障信息。

（5）按"自检"键，控制器应能进入系统自检状态，面板指示灯应全部点亮、显示屏显示自检进程，同时喇叭发出自检声。

3. 自动应急启动测试

使满足应急照明自动应急启动的火灾探测器、手动火灾报警按钮发出火灾报警信号（或者通过应急照明控制器模拟火警），检查应急照明控制器的显示情况及系统设备状态，并做好记录。

4. 手动应急启动测试

（1）手动操作应急照明控制器"强启"按钮，观察记录控制器显示情况及系统设备状态。

（2）操作火灾报警控制器、应急照明控制器，使火灾自动报警系统、应急照明和疏散指示系统复位，复位后系统应处于正常监控状态。

5. 记录检查测试情况

规范填写《建筑消防设施巡查记录表》。

要点 018　操作电梯紧急迫降按钮迫降消防电梯

职业功能	工作内容	技能要求	相关知识要求	分项考点	分数	总分
2 设施操作	2.3 其他消防设施操作	2.3.8 能操作"紧急迫降"按钮迫降电梯	2.3.8 电梯迫降的操作方法	1. 开关转至消防工作状态	0.5	1.5
				2. 观察电梯迫降和开门情况及消防控制室反馈信息		
				3. 测试层站控制和轿厢控制的有效性		
				4. 进行紧急迫降按钮、消防控制室复位操作，使电梯恢复正常运行状态	0.5	
				5. 记录检查测试情况	0.5	

一、操作准备

1. 熟悉电梯实物或模型、火灾自动报警及联动控制系统。
2. 准备螺丝刀等拆装工具，采用钥匙开关的应准备专用钥匙。
3. 准备《建筑消防设施巡查记录表》等。

二、操作步骤

1. 开关转至消防工作状态

打开紧急迫降按钮保护罩，根据按钮类型采取按下或掀动方式启动电梯紧急迫降功能，采用钥匙开关的使用专用钥匙将开关转至消防工作状态。

2. 观察电梯迫降和开门情况及消防控制室反馈信息

3. 测试层站控制和轿厢控制的有效性

4. 进行紧急迫降按钮、消防控制室复位操作，使电梯恢复正常运行状态

5. 记录检查测试情况

规范填写《建筑消防设施检测记录表》。

要点 019　消防控制室内集中火灾报警控制器、消防联动控制器、消防控制室图形显示装置及火灾显示盘的保养

职业功能	工作内容	技能要求	相关知识要求	分项考点	分数	总分
3 设施保养	3.1 火灾自动系统保养	3.1.1 能保养集中火灾报警控制器、消防联动控制器、消防控制室图形显示装置和火灾显示盘	3.1.1 集中火灾报警控制器、消防联动控制器、消防控制室图形显示装置和火灾显示盘的保养内容和方法	1. 切断电源	0.2	1
				2. 清理灰尘	0.2	
				3. 抹布擦拭		
				4. 检查接头及连接处	0.2	
				5. 恢复供电	0.2	
				6. 记录检查测试情况	0.2	

一、操作准备

1. 熟悉集中火灾报警控制器、消防联动控制器、消防控制室图形显示装置、火灾显示盘。

2. 准备吸尘器、细毛刷、抹布等清洁用品和除锈剂、凡士林等。

3. 准备《建筑消防设施维护保养记录表》。

二、操作步骤

1. 切断电源

使用钥匙打开箱门，将控制器主、备电源切断。

270

2. 清理灰尘

用小毛刷将机柜（壳）内设备空隙、线材上的灰尘和杂质清扫出来，然后用吸尘器清理干净。

3. 抹布擦拭

用抹布将装置柜（壳）内设备和线材清洁干净，确保表面无污迹。如果发现机柜有水存在，应该用干燥的抹布擦拭干净，保证柜（壳）在干燥情况下才能通电。机壳外表面的指示灯、显示屏应清洁干净，指示及字符清晰可见。

4. 检查接头及连接处

检查线路接头处有无氧化或锈蚀痕迹，若有则应采取防潮、防锈措施，如镀锡和涂抹凡士林等。发现螺栓及垫片有生锈现象应予更换，确保接头连接紧密。

5. 恢复供电

保养结束后，给控制器送电，用钥匙将箱门锁闭。

6. 记录检查测试情况

规范填写《建筑消防设施检测记录表》。

要点 020　线型感烟、感温火灾探测器的保养

职业功能	工作内容	技能要求	相关知识要求	分项考点	分数	总分
3 设施保养	3.1 火灾自动系统保养	3.1.2 能保养线型感烟、感温火灾探测器	3.1.2 线型感烟、感温火灾探测器的保养内容和方法	1. 外观保养	0.2	1
				2. 稳定性检查	0.2	
				3. 接线检查		
				4. 调试	0.2	
				5. 接入复检	0.2	
				6. 记录检查测试情况	0.2	

一、操作准备

1. 熟悉安装有线型感烟、感温火灾控制器的火灾自动报警系统。

2. 准备清洁的干软布、酒精、螺丝刀。

3. 准备消防工程竣工图纸、火灾自动报警系统相关材料、《建筑消防设施维护保养记录表》。

二、操作步骤

1. 外观保养

使用清洁的干软布和酒精轻轻擦拭线型光束感烟火灾探测器的发射和接收窗口、反射器、指示灯表面的污染物。

2. 稳定性检查

线型光束感烟火灾探测器应紧紧固定在墙壁或其他固定位置上，探测位置不发生偏移；线型缆式感烟火灾探测器输入模块、接口模块和终端模块应固定，若发生松动，则用螺丝刀紧固。

3. 接线检查

检查线型感烟、感温火灾探测器的接线端子，将连接松动的端子重新紧固连接，换掉有锈蚀痕迹的螺钉、端子垫片等接线部件；去除锈蚀的导线端，烫锡后重新连接。

4. 调试

清洁完毕后，应将线型光束感烟探测器响应阈值标定到探测器出厂设置的阈值，使探测器重新进入正常监视状态。线型缆式感温火灾探测器能自动监测线芯之间的绝缘电阻值，电阻值应能满足要求。

5. 接入复检

用减光率为 0.9dB/m 的减光片遮挡光路，检查线型光束感烟火灾探测器是否发出火灾报警信号；用减光率为 1.0～10.0dB/m 的减光片遮挡光路，检查探测器是否发出火灾报警信号；用减光率为 11.5dB/m 的减光片遮挡光路，检查探测器是否发出故障信号或火灾报警信号。

在不可恢复的线型感温火灾探测器上模拟火灾和故障，检查探测器能否发出火灾报警和故障信号；对可恢复的线型感温火灾探测器采用专用检测仪器或模拟火灾的办法检查其能否发出火灾报警信号，并在终端盒上模拟故障，检查探测器能否发出故障信号。

检查结果应符合产品标准和设计要求。复检项目检查不合格时，应再次进行维修保养或报废。

6. 记录检查测试情况

规范填写《建筑消防设施检测记录表》。

要点 021　电气火灾监控器的保养

职业功能	工作内容	技能要求	相关知识要求	分项考点	分数	总分
3 设施保养	3.1 火灾自动系统保养	3.1.3 能保养电气火灾监控器和可燃气体报警控制器	3.1.3 电气火灾监控器、可燃气体报警控制器的保养内容和方法	1. 切断电源	0.2	1
				2. 清理灰尘	0.2	
				3. 抹布擦拭		
				4. 检查接头及连接处	0.2	
				5. 送电关门	0.2	
				6. 记录检查测试情况	0.2	

一、操作准备

1. 熟悉电气火灾监控器。

2. 准备吸尘器、细毛刷、抹布等清洁用品，除锈剂，凡士林。

3. 准备《建筑消防设施维护保养记录表》。

二、操作步骤

1. 切断电源

使用钥匙打开箱门，将监控器主、备电源切断。

2. 清理灰尘

用小毛刷将机柜（壳）内设备空隙、线材上的灰尘和杂质清扫出来，然后用吸尘器清理干净。

274

3. 抹布擦拭

用抹布将装置柜（壳）内设备和线材清洁干净，确保表面无污迹。如果发现机柜有水存在，应该用干燥的抹布擦拭干净，保证柜（壳）在干燥情况下才能通电。机壳外表面的指示灯、显示器应清洁干净，指示及字符清晰可见。

4. 检查接头及连接处

检查线路接头处有无氧化或锈蚀痕迹，若有则应采取防潮、防锈措施，如镀锡和涂抹凡士林等。发现螺栓及垫片有生锈现象应予更换，确保接头连接紧密。

5. 送电关门

保养结束后，给监控器送电，用钥匙将箱门锁闭。

6. 记录检查测试情况

规范填写《建筑消防设施维护保养记录表》。

要点 022　可燃气体报警控制器的保养

职业功能	工作内容	技能要求	相关知识要求	分项考点	分数	总分
3 设施保养	3.1 火灾自动系统保养	3.1.3 能保养电气火灾监控器和可燃气体报警控制器	3.1.3 电气火灾监控器、可燃气体报警控制器的保养内容和方法	1. 切断电源	0.2	1
				2. 清理灰尘	0.2	
				3. 抹布擦拭		
				4. 检查接头及连接处	0.2	
				5. 送电关门	0.2	
				6. 记录检查测试情况	0.2	

一、操作准备

1. 熟悉可燃气体报警控制器。
2. 准备吸尘器、细毛刷、抹布等清洁用品，除锈剂，凡士林。
3. 准备《建筑消防设施维护保养记录表》。

二、操作步骤

1. 切断电源

使用钥匙打开箱门，将控制器主、备电源切断。

2. 清理灰尘

用小毛刷将机柜（壳）内设备空隙、线材上的灰尘和杂质清扫出来，然后用吸尘器清理干净。

3. 抹布擦拭

用抹布将装置柜（壳）内设备和线材清洁干净，确保表面无污迹。如果发现机柜有水存在，应该用干燥的抹布擦拭干净，保证柜（壳）在干燥情况下才能通电。机壳外表面的指示灯、显示屏应清洁干净，指示及字符清晰可见。

4. 检查接头及连接处

检查线路接头处有无氧化或锈蚀痕迹，若有则应采取防潮、防锈措施，如镀锡和涂抹凡士林等。发现螺栓及垫片有生锈现象应予更换，确保接头连接紧密。

5. 送电关门

保养结束后，给控制器送电，用钥匙将箱门锁闭。

6. 记录检查测试情况

规范填写《建筑消防设施维护保养记录表》。

要点 023 湿式、干式自动喷水灭火系统的阀门、管道、水流指示器、报警阀组和试验装置的保养

职业功能	工作内容	技能要求	相关知识要求	分项考点	分数	总分
3 设施保养	3.2 自动灭火系统保养	3.2.1 能保养湿式、干式自动喷水灭火系统的阀门、管道、水流指示器、报警阀组和试验装置等	3.2.1 湿式、干式自动喷水灭火系统的保养方法	1. 阀门	0.2	1
				2. 管道	0.2	
				3. 报警阀组	0.2	
				4. 水流指示器	0.2	
				5. 试验装置	0.2	

消防设施维护保养人员应根据维护保养计划，在规定的周期内对前述项目分别实施保养。保养应结合外观检查和功能测试进行，通常采用清洁、紧固、调整、润滑的方法。对电气元器件的清洁应使用吸尘器或软毛刷等工具，其他组件可使用不太湿的抹布进行擦拭；对损坏件应及时维修或更换。

1. 阀门

（1）检查系统各个控制阀门，发现铅封损坏或者锁链未固定在规定状态的，及时更换铅封，并调整锁链至规定的固定状态。发现阀门有漏水、锈蚀等情形的，更换阀门密封垫，修理或者更换阀门，对锈蚀部位进行除锈处理。启闭不灵活的，进行润滑处理。

（2）检查室外阀门井情况，发现阀门井积水、有垃圾或者有杂物的，及时排除积水，清除垃圾、杂物。发现管网中的控制阀门未完全开启或者关闭的，完全启闭到位。发现阀门有漏水等情形，按照前述室内阀门的要求查漏、修复、更换、除锈和润滑。

2. 管道

检查发现管道漆面脱落、管道接头存在渗漏、锈蚀的，应进行刷漆、补漏、除锈处理。检查发现支架、吊架脱焊、管卡松动的，应进行补焊和紧固处理。检查管道各过滤器的使用性能，对滤网进行拆洗，并重新安装到位。

3. 报警阀组

（1）检查报警阀组的标识是否完好、清晰，报警阀组组件是否齐全，表面有无裂纹、损伤等现象。检查各阀门启闭状态、启闭标识、锁具设置和信号阀信号反馈情况是否正常，报警阀组设置场所的排水设施有无排水不畅或积水等情况。

（2）检查阀瓣上的橡胶密封垫，表面应清洁无损伤，否则应清洗或更换。检查阀座的环形槽和小孔，发现积存泥沙和污物时及时进行清洗。阀座密封面应平整，无碰伤和压痕，否则应修理或更换。

（3）检查湿式自动喷水灭火系统延迟器的漏水接头，必要时进行清洗，防止异物堵塞，保证其畅通。

（4）检查水力警铃铃声是否响亮，清洗报警管路上的过滤器。拆下铃壳，彻底清除脏物和泥沙并重新安装。拆下水轮上的漏水接头，清洁其中积聚的污物。

4. 水流指示器

检查水流指示器，发现有异物、杂质等卡阻桨片的，及时清除。开启末端试水装置或者试水阀，检查水流指示器的报警情况，发现存在断路、接线不实等情况的，重新接线至正常。发现调整螺母与触头未到位的，重新调试到位。

5. 试验装置

检查系统（区域）末端试水装置、楼层试水阀的设置位置是否便于操作和观察，有无排水设施。检查末端试水装置压力表能否准确监测系统、保护区域最不利点静压值。通过放水试验，检查系统启动、报警功能以及出水情况是否正常。

要点 024　消防泵组及电气控制柜保养

职业功能	工作内容	技能要求	相关知识要求	分项考点	分数	总分
3 设施保养	3.2 自动灭火 系统保养	3.2.2 能保 养消防泵组 电气控制柜	3.2.2 消防 泵组电气控 制柜的保养 内容和方法	1. 确认工作状态及环境	0.3	1
				2. 确认控制柜工作状态		
				3. 断开总电源	0.1	
				4. 控制柜内元器件检查	0.1	
				5. 外观检查	0.1	
				6. 泵组检查	0.1	
				7. 查看破损情况	0.1	
				8. 检查或更换润滑油	0.1	
				9. 合闸送电	0.1	

保养方法

　　消防设施维护保养人员应根据维护保养计划，在规定的周期内对前述项目分别实施保养。保养应结合外观检查和功能测试进行，通常采用清洁、紧固、调整、润滑的方法。对电气元器件的清洁应使用吸尘器或软毛刷等工具，其他组件可使用不太湿的抹布进行擦拭；对损坏件应及时维修或更换。

1. 确认工作状态及环境

　　检查现场工作环境，检查防淹没措施和自动防潮除湿装置的完好有效性和工作状态，及时进行清扫、清理和维修。

2. 确认控制柜工作状态

查看控制柜外观和标识情况，通过仪表、指示灯、开关位置查看控制柜当前工作状态。做好外观保洁、除锈、补漆、补正工作。

3. 断开总电源

断开控制柜总电源，检查各开关、按钮动作情况。

4. 控制柜内元器件检查

检查柜门启闭情况，检查柜内电气原理图、接触器、熔断器、继电器等电气元器件完好情况和线路连接情况，查看有无老化、破损、松动、脱落和打火、烧蚀现象，紧固各电气接线接点和接线螺钉，查看、测试接地情况。做好控制柜内保洁、维修、更换工作。

5. 外观检查

检查消防泵组外观，应无锈蚀，无漏水、渗水等情况，检查消防水泵及水泵电动机标识，标识应清楚，铭牌应清晰，必要时应进行擦拭、除污、除锈、喷漆及重新张贴。

6. 泵组检查

消防泵组应安装牢固，紧固螺栓无松动。检查接地情况，应安装牢固，必要时应进行固定。

7. 查看破损情况

测量电动机、电缆绝缘和接地电阻，查看电缆老化和破损情况，及时进行维修和更换。

8. 检查或更换润滑油

对泵体中心轴进行盘动，对泵体盘根填料进行检查或更换，根据产品说明书的要求检查或更换对应等级的润滑油。

9. 合闸送电

合上控制柜总电源，按要求进行功能测试，对发现的问题及时进行检修。

要点 025　消防设备末端配电装置的保养

职业功能	工作内容	技能要求	相关知识要求	分项考点	分数	总分
3 设施保养	3.3 其他消防设施保养	3.3.1 能保养消防设备末端配电装置	3.3.1 消防设备末端配电装置的保养内容和方法	1. 切断电源	0.2	1
				2. 清理灰尘	0.2	
				3. 抹布擦拭		
				4. 检查接头及连接处	0.2	
				5. 送电关门	0.2	
				6. 记录检查测试情况	0.2	

一、操作准备

1. 熟悉消防设备末端配电装置。
2. 准备吸尘器、细毛刷、抹布等清洁用品。
3. 准备《建筑消防设施维护保养记录表》。

二、操作步骤

1. 切断电源

使用钥匙打开箱门，将控制器主、备电源切断。

2. 清理灰尘

用小毛刷将配电装置内设备和线材上的灰尘清扫出来后用吸尘器清理干净。

3. 抹布擦拭

用抹布将配电装置壳体、柜内设备和线材清洁干净，确保表面无污迹。如果发现配电柜有水存在，应该用干燥的抹布擦拭干净，保证配电柜在干燥的情况下才能通电。

4. 检查接头及连接处

检查线路接头处有无氧化或锈蚀痕迹，若有则应采取防潮、防锈措施，如镀锡和涂抹凡士林等。发现螺栓及垫片有生锈现象应予更换，确保接头连接紧密。

5. 送电关门

保养结束后，将控制器送电，用钥匙将箱门锁闭。

6. 记录检查测试情况

规范填写《建筑消防设施维护保养记录表》。

要点 026 消防电话系统的保养

职业功能	工作内容	技能要求	相关知识要求	分项考点	分数	总分
3 设施保养	3.3 其他消防设施保养	3.3.2 能保养消防电话总机、消防电话分机、消防电话插孔	3.3.2 消防电话总机、消防电话分机、消防电话插孔的保养内容和方法	1. 接头电源	0.2	1
				2. 外观检查保养	0.2	
				3. 接线检查保养	0.2	
				4. 功能检查	0.2	
				5. 复位自检		
				6. 记录检测测试情况	0.2	

一、操作准备

1. 熟悉消防电话系统。

2. 准备吸尘器、清洁的干软布、螺丝刀、锡锅。

3. 准备消防工程竣工图纸、火灾自动报警系统相关材料、《建筑消防设施维护保养记录表》。

二、操作步骤

1. 接头电源

接通消防电话总机电源，使消防电话处于正常监视状态。

2. 外观检查保养

用吸尘器、清洁的干软布等清除机壳、电话机表面、电话插孔内及所有接线端子处的灰尘。对所有按键进行按下、弹起操作。

3. 接线检查保养

用螺丝刀紧固接线端子，对锈蚀的接线端烫锡。

4. 功能检查

在消防控制室进行总机与所有消防电话分机、电话插孔之间互相呼叫与通话，呼叫铃声、通话应语音清晰，无振鸣。总机显示每部分机或电话插孔的位置，总机自检、消音、复位以及群呼、录音、记录和显示等功能完好。

5. 复位自检

保养完成后，对消防电话总机进行复位和自检操作，等待2min，观察消防电话主机是否处于正常监视状态。

6. 记录检查测试情况

规范填写《建筑消防设施维护保养记录表》。

要点 027 消防增（稳）压设施保养

职业功能	工作内容	技能要求	相关知识要求	分项考点	分数	总分
3 设施保养	3.3 其他消防设施保养	3.3.7 能保养消防增（稳）压设施	3.3.7 消防增（稳）压设施的保养内容和方法	1. 工作环境检查	0.2	1
				2. 水箱保养	0.3	
				3. 稳压装置保养	0.3	
				4. 气压罐及供水附件保养	0.2	

5. 保养方法

消防设施维护保养人员应根据维护保养计划，在规定的周期内对前述项目分别实施保养。保养应结合外观检查和功能测试进行，通常采用清洁、紧固、调整、润滑的方法。对电气元器件的清洁应使用吸尘器或软毛刷等工具，其他组件可使用不太湿的布进行擦拭；对损坏件应及时维修或更换。

1. 工作环境检查

工作环境检查和电气控制柜的保养方法同消防泵组及电气控制柜保养。

2. 水箱保养

针对检查发现的问题，及时采取加固或维修措施。如水箱水量达不到设计要求，经查是液位开关问题的则需对液位开关进行调整或维修、更换；如水质较差，经查是水箱污染所致的则需对水箱进行清洗作业。以不锈钢消防水箱为例，其清洗流程如下：

（1）关闭进水阀，打开排污阀，使水箱中的余水排尽。

（2）用干净拖把或抹布对水箱周边和底部进行清洁，底部积垢严重的可用软毛巾加清洁剂擦洗。

（3）打开进水阀，放入适量清水冲洗箱壁及底部，排除清洗产生的污水，必要时可重复进行多次，直到排污口出流满足要求为止。

（4）关闭排污阀，打开进水阀，补充水箱水至设计水位。

3. 稳压装置保养

（1）对泵体和电气外壳进行清洁、除锈。

（2）对各连接部件螺栓进行紧固。

（3）对阀门进行启闭功能测试、启闭状态核查和润滑，损坏的及时更换。

（4）检查润滑油油质，到期或变质、掺水的润滑油应更换。

（5）手动盘车，对泵体盘根填料进行检查或更换。

（6）测量电动机、电缆绝缘和接地电阻，查看电缆破损和连接松动情况，及时维修和更换。

（7）利用测试管路泄压，观察稳压泵自动启停和运转情况；再次泄压，观察稳压泵交替运行情况。启停功能、双泵交替运行功能不正常的则分别对泵体、电气控制柜等相关组件进行检查和维修。

4. 气压罐及供水附件保养

（1）对外观进行清洁、补漆和除锈。

（2）对各阀门启闭功能和启闭状态进行检查，转动不灵活的进行润滑。

（3）管道泄压，发现稳压泵自动启停和消防水泵启动压力设定不正确的，对压力开关或压力变送器等进行调整、维修或更换。

（4）经检查确认是气压罐本体损伤的，建议由气压罐生产厂家进行维修处理。

要点 028　消防应急广播系统的保养

职业功能	工作内容	技能要求	相关知识要求	分项考点	分数	总分
3 设施保养	3.3 其他消防设施保养	3.3.3 能保养消防应急广播设备和扬声器	3.3.3 消防应急广播设备和扬声器的保养内容和方法	1. 接通电源	0.2	1
				2. 外观检查保养	0.2	
				3. 接线检查保养		
				4. 功能检查	0.2	
				5. 复位自检	0.2	
				6. 记录检查测试情况	0.2	

一、操作准备

1. 熟悉消防应急广播设备系统、火灾自动报警系统。

2. 准备吸尘器、清洁的干软布、螺丝刀、锡锅。

3. 准备消防工程竣工图纸、火灾自动报警系统相关材料、《建筑消防设施维护保养记录表》。

二、操作步骤

1. 接通电源

使消防应急广播设备系统、火灾自动报警系统设备处于正常工作状态。

2. 外观检查保养

用吸尘器、清洁的干软布等清除机壳、扬声器表面及所有接线端子处的灰尘。对所有按键进行按下、弹起操作。

3. 接线检查保养

用螺丝刀紧固接线端子，对锈蚀的接线端烫锡。

4. 功能检查

在手动状态和自动状态下启动消防应急广播，监听扬声器应有声音输出，语音清晰不失真。距扬声器正前方 3m 处，用数字声级计测量消防应急广播声压级（A 权计）不应小于 65dB，且不应大于 115dB。在自动状态下测试广播与火灾声警报交替循环播放功能，消防应急广播能与火灾声警报分时交替循环播放。

5. 复位自检

保养完成后，对消防应急广播系统进行复位和自检操作，等待 2min，观察消防应急广播系统是否处于正常监视状态。

6. 记录检查测试情况

规范填写《建筑消防设施维护保养记录表》。

要点 029　消防应急照明和疏散指示系统控制器的保养

职业功能	工作内容	技能要求	相关知识要求	分项考点	分数	总分
3 设施保养	3.3 其他消防设施保养	3.3.5 能保养消防应急照明和疏散指示系统的控制器	3.3.5 消防应急照明和疏散指示系统控制器的保养内容和方法	1. 外观检查	0.2	1
				2. 稳定性检查	0.2	
				3. 接线检查	0.2	
				4. 功能调试	0.2	
				5. 记录检查测试情况	0.2	

一、操作准备

1. 熟悉消防应急照明和疏散指示系统。

2. 准备吸尘器、清洁的干软布、螺丝刀、锡锅。

3. 准备消防应急照明和疏散指示系统的系统图及平面布置图、《建筑消防设施维护保养表》。

二、操作步骤

1. 外观检查

使用吸尘器、清洁的干软布等清除机壳表面、通风格栅内及所有接线端子处的灰尘。

2. 稳定性检查

消防应急照明灯具及疏散指示标志应紧固在墙壁或其他固定位

置上，位置不发生偏移；若发生松动，则用螺丝刀紧固。

3. 接线检查

接线端子应无松动、无锈蚀现象。若发生松动，则用螺丝刀紧固；若有锈蚀现象，则将接线端除锈烫锡。

4. 功能调试

（1）自检功能。按下应急照明控制器面板"自检"键，对本机及面板上的所有指示灯、显示屏、音响器件进行功能检查。

（2）消音、故障报警功能。应急照明控制器在与其相连的任一灯具的光源开路或短路、电池开路或短路、主电欠压时，或与每台应急电源和各应急照明分配电装置之间连接线开路或短路时，发出故障声、光信号，指示故障部位，按下控制面板"消音"键，消除报警声。

（3）一键启动功能。手动操作应急照明控制器的一键启动按钮，应急照明控制器应发出系统手动应急启动信号，控制应急启动输出干接点动作，发出启动声、光信号，显示并记录系统应急启动类型和系统应急启动时间。

（4）主、备电的自动转换功能。灯具采用集中电源供电时，应能手动控制集中电源转入蓄电池电源输出；灯具采用自带蓄电池供电时，应能手动控制应急照明配电箱切断电源输出。

5. 记录检查测试情况

规范填写《建筑消防设施维护保养记录表》。

要点 030 防（排）烟风机的保养

职业功能	工作内容	技能要求	相关知识要求	分项考点	分数	总分
3 设施保养	3.3 其他消防设施保养	3.3.6 能保养防烟排烟系统各组件	3.3.6 防烟排烟系统各组件的保养内容和方法	1. 检查风机启停功能	0.1	2
				2. 断电挂牌	0.2	
				3. 检查部件	0.2	
				4. 检查绝缘	0.2	
				5. 检查传动带	0.2	
				6. 检查垫片和密封	0.2	
				7. 清洁电动机及风滤器	0.2	
				8. 添加润滑油	0.2	
				9. 检查阀门动作情况	0.1	
				10. 检查测量参数	0.2	
				11. 运转试验	0.1	
				12. 恢复运行	0.1	

一、操作准备

1. 熟悉机械防烟系统、机械排烟系统。

2. 准备螺丝刀、扳手等维修工具，接地电阻测试仪、绝缘电阻测试仪、万用表等检查测试工具，吸尘器、毛刷、毛巾等清洁工具，油壶等润滑工具，安全标志牌。

3. 准备系统设计文件、相关产品资料、《建筑消防设施维护保养记录表》等。

二、操作步骤

1. 检查风机启停功能

手动开启风机，风机应正常运转平稳、无异常振动与声响。在消防控制室手动控制风机的启动、停止，风机的启动、停止状态信号应能及时反馈到消防控制室。

2. 断电挂牌

断开主电源，挂上安全标志牌，检查电动机接地是否良好。

3. 检查部件

检查并加固各部分松动的螺栓及联轴器。

4. 检查绝缘

检测电动机的绝缘电阻，检查主回路接触点。

5. 检查传动带

调整传动带松紧，用手转动带轮，观察转动是否良好。

6. 检查垫片和密封

检查、更换各接合面间的垫片和密封填料。

7. 清洁电动机及风滤器

清洁电动机及风滤器和机壳内部。

8. 添加润滑油

向转动部位加润滑油，保证联轴器及轴承的灵活性及稳定性。

9. 检查阀门动作情况

检查调节阀的机械开闭动作、开闭角度标志。

10. 检查测量参数

手动开机测定三相电流值，检查指示灯和电压、电流表，听风机各部件运行声音。

11. 运转试验

连续运转 5～7min，验证风机运转正常。

12. 恢复运行

系统恢复正常运行状态，记录维护保养情况并清理作业现场，规范填写《建筑消防设施维护保养记录表》。

要点 031　消防电梯挡水和排水设施的保养

职业功能	工作内容	技能要求	相关知识要求	分项考点	分数	总分
3 设施保养	3.3 其他消防设施保养	3.3.4 能保养消防电梯挡水、排水设施	3.3.4 消防电梯挡水、排水设施的保养内容和方法	1. 消防电梯挡水设施的保养内容、要求	0.1	1
				2. 消防电梯挡水设施的保养方法	0.1	
				3. 排水井的保养要求	0.1	
				4. 排水井的保养方法	0.1	
				5. 排水泵的保养要求	0.1	
				6. 排水泵的保养方法	0.1	
				7. 电气控制柜的保养要求	0.2	
				8. 电气控制柜的保养方法	0.2	

一、操作准备

1. 熟悉消防电梯系统、电梯轿厢井底排水装置、控制柜。

2. 准备螺丝刀、扳手等维修工具，卷尺等检查测试工具，吸尘器、毛刷、毛巾等清洁工具，油壶等润滑工具，安全标志牌。

3. 准备系统设计文件、相关产品资料、《建筑消防设施维护保养记录表》等。

二、操作步骤

火灾时，为防止灭火时的消防积水淹没消防电梯导致消防电梯失去功能，消防电梯的井底应设置排水设施。排水井的容量不应小于 $2m^3$，排水泵的排水量不应小于 $10L/s$。消防电梯间前室的门口宜设置挡水设施。

1. 挡水设施的保养内容、要求

消防电梯前室如设有挡水漫坡，应无破损，高度为 $4\sim5cm$。

2. 挡水设施保养方法

对破损处进行修补。

3. 排水井的保养要求

(1) 井体外观完好，无渗漏、表面开裂和脱落。

(2) 井底无杂物和淤泥。

(3) 采用抽排措施的，液位开关启、停泵标定正确，功能正常，排水井有效容积符合设计要求。

(4) 采用直排措施的，排水通道畅通，防倒灌措施完好。

4. 排水井的保养方法

(1) 进行修补或清理。

(2) 核查液位开关启、停泵水位标定，计算有效容积，达不到设计要求的应进行调整。

(3) 模拟液位开关动作，核查启、停泵情况，液位开关损坏的及时进行维修或更换。

5. 排水泵的保养要求

(1) 管路阀门外观完好，启闭功能和状态正常。

(2) 泵体外壳完好，无破损、锈蚀。

(3) 叶轮转动灵活，无卡滞。

(4) 润滑油充足，无变质、掺水。

(5) 电动机绝缘正常，紧固螺栓无松动，电缆无破损和连接松动。

(6) 排水泵运转正常，排水能力符合设计要求。

6. 排水泵的保养方法

(1) 进行外表清洁、除锈。

（2）进行阀门启闭功能测试、启闭状态核查和润滑，损坏的阀门及时更换。

（3）手动盘车，如有卡滞和异响及时进行维修。

（4）目测检查润滑油油质，对到期或变质、掺水的应进行更换。

（5）紧固各连接部件螺栓，检查电动机、电缆绝缘，目测电缆破损和连接松动情况，及时维修和更换。

（6）手动启、停排水泵，观察运转情况，测试排水流量，达不到设计要求的进一步对排水泵、管路进行检修和疏通。

7. 电气控制柜的保养要求

（1）外观完好，仪表、指示灯正常，开关、按钮运转灵活、无卡滞。

（2）供电正常，双电源切换功能正常。

（3）控制柜内清洁，无积灰、杂物。

（4）电气连接紧密，无松动。

（5）控制柜功能正常。

8. 电气控制柜的保养方法

进行外观检查和功能测试，根据检查情况分别进行清洁、清理、紧固和维修（对电气部件清洁应使用吸尘器或软毛刷）。规范填写《建筑消防设施维护保养记录表》。

要点 032　消防增（稳）压设施的保养

职业功能	工作内容	技能要求	相关知识要求	分项考点	分数	总分
3 设施保养	3.3 其他消防设施保养	3.3.7 能保养消防增（稳）压设施	3.3.7 消防增（稳）压设施的保养方法	1. 机房环境保养要求	0.25	1
				2. 消防水箱的保养要求	0.25	
				3. 稳压泵组的保养要求	0.25	
				4. 气压罐及供水附件保养要求	0.25	

一、操作准备

1. 熟悉消防稳压设施系统。

2. 准备螺丝刀、扳手等维修工具，卷尺等检查测试工具，吸尘器、毛刷、毛巾等清洁工具，油壶等润滑工具，安全标志牌。

3. 准备系统设计文件、相关产品资料、《建筑消防设施维护保养记录表》等。

二、操作步骤

1. 机房环境保养要求

（1）工作环境良好，无积灰和蛛网，无杂物堆放。

（2）防止被水淹没的措施完好。

（3）散热通风设施良好。

（4）设在室外时防雨措施应完好。

2. 消防水箱的保养要求

（1）水箱箱体和支架外观完好，组件齐全，无破损、渗漏。

（2）进出水和溢流、排污等管路阀门启闭状态正确，阀门转动灵活、无锈蚀。

（3）水位传感器和就地水位显示装置外观及功能正常。

（4）水箱水量和水质符合设计要求。

（5）合用水箱消防用水不作他用的技术措施完好。

（6）冬季防冻措施有效。

3. 稳压泵组的保养要求

（1）组件齐全，泵体和电动机外壳完好，无破损、锈蚀。

（2）设备铭牌标志清晰、叶轮转动灵活、无卡滞。

（3）润滑油充足，泵体、泵轴无渗水、砂眼。

（4）电动机绝缘正常，紧固螺栓无松动，电缆无老化、破损和连接松动。

（5）稳压泵运转正常，无异常振动或声响。

（6）稳压泵交替运行功能正常。

4. 气压罐及供水附件保养要求

（1）组件齐全，固定牢靠。

（2）外观无损伤、锈蚀。

（3）法兰及管道连接处无渗漏，进出水阀门启闭状态正确。

（4）压力表当前指示正常，稳压泵启停压力设定正确，联动启动消防主泵功能正常。

（5）出水水质符合要求。

规范填写《建筑消防设施维护保养记录表》。

要点 033　更换火灾自动报警系统组件

职业功能	工作内容	技能要求	相关知识要求	分项考点	分数	总分
4 设施维修	4.1 火灾自动报警维修	4.1.1 能更换点型、线型感烟火灾探测器和点型感温火灾探测器	4.1.1 点型、线型感烟、火灾探测器和点型感温火灾探测器的更换方法	1. 接通电源	0.5	3
		4.1.2 能更换手动火灾报警按钮、消火栓按钮	4.1.2 手动火灾报警按钮、消火栓按钮及易损元件的更换方法	2. 确定故障点位置	0.5	
		4.1.3 能更换火灾警报装置	4.1.3 火灾警报装置的分类和更换方法	3. 查找故障原因	0.5	
		4.1.4 能更换总线短路隔离器和模块	4.1.4 总线短路隔离器和模块的更换方法	4. 更换组件	0.5	
				5. 功能检查	0.5	
				6. 记录检查测试情况	0.5	

一、操作准备

1. 准备火灾自动报警系统及相关组件螺丝刀等通用维修工具、火灾自动报警系统组件专用拆卸工具。

2. 准备火灾自动报警系统的消防系统图、平面布置图、产品使用说明书、《建筑消防设施巡查维修记录表》。

二、操作步骤

1. 接通电源

使火灾自动报警系统中组件处于故障状态（采用损坏的组件）。

2. 确定故障点位置

根据火灾报警控制器显示的故障信息，对照系统平面布置图，确定故障部件的部位，并记录故障器件的编码。

3. 查找故障原因

确定故障产生的原因（如线路故障、底座接触不良、探测器自身故障等）。如果是线路故障，应对相应线路进行故障排查维修，直至线路故障修复；如果是器件自身故障，则需对相应器件进行更换。

4. 更换组件

（1）点型感烟（温）火灾探测器。逆时针旋转点型感烟（温）火灾探测器，将损坏的探测器与底座脱离；对即将更改的点型感烟（温）火灾探测器编码，再进行读编码确认；将点型感烟（温）火灾探测器与底座卡扣对准，顺时针将其旋入底座。

（2）线性光束感烟火灾探测器。用专用拆卸工具将线型光束感烟探测器的发射端和接收端拆下，更换新设备。对更换的线型感烟火灾探测器进行调试，调整探测器的光路调节装置，使探测器处于正常监视状态。

（3）手动火灾报警按钮、消火栓按钮。使用专用工具插入设备的拆装孔，适当用力向上翘起手动火灾报警按钮、消火栓按钮编码，再进行读编码确认。编码后将按钮与底座卡扣对准，垂直于底座方向用力按下。

（4）火灾警报装置。使用专用拆装工具插入设备的拆装孔，适当用力向外拔出火灾报警装置，将其与底座脱离。对即将更改的火灾报警装置编码，再进行读编码确认。编码后将火灾警报装置与底座卡扣对准，垂直于底座方向用力按下。

（5）总线短路隔离器和模块。使用专用工具插入设备的拆装孔，适当用力向上撬起模块，将其与底座脱离。对即将更换的模块编码，再进行读编码确认，非编码模块无须编码。编码后将总线短路隔离器和模块与底座卡扣对准，垂直于底座方向用力按下。

5. 功能检查

对点型感烟（温）探测器、线型光束感烟探测器、手动火灾报警按钮、消火栓按钮进行报警功能测试，对火灾警报装置、总线短路隔离器和模块进行启动功能测试。

6. 记录检查测试情况

规范填写《建筑消防设施故障维修记录表》。

要点 034　更换湿式、干式自动喷水灭火系统组件

职业功能	工作内容	技能要求	相关知识要求	分项考点	分数	总分
4 设施维修	4.2 自动系统 灭火维修	4.2.1 能更换湿式、干式自动喷水灭火系统的喷头、报警阀组、阀门、末端试水装置、水流指示器、管道等组件	4.2.1 喷头的识别方法 4.2.2 湿式、干式自动喷水灭火系统的常见故障和维修方法	1. 更换闭式洒水喷头	0.5	3
				2. 更换湿式报警阀组压力开关	1.5	
				3. 更换干式报警阀阀瓣密封圈		
				4. 记录检查测试情况	1	

一、操作准备

1. 准备湿式、干式自动喷水灭火系统，喷头、压力开关、密封圈等组件。

2. 准备螺丝刀、扳手等通用维修工具，喷头扳手等专用工具，清洁工具，生料带或麻丝等，系统调试、检查工具。

3. 准备产品安装使用说明书、《建筑消防设施故障维修记录表》等。

二、操作步骤

1. 更换闭式洒水喷头

（1）比对核查新换件规格、型号和性能参数，应与待换件匹配或一致。

（2）关闭该喷头所在分区水流指示器前的控制阀。

（3）打开末端试水装置，排出管道存水。

（4）使用喷头专用扳手拆装新旧喷头，严禁利用喷头的框架施拧。安装时应注意做好接口处的清洁工作，并使用生料带或麻丝缠绕，确保连接严密。

（5）将消防泵组电气控制柜转换为手动工作状态。

（6）打开水流指示器前的控制阀，管路冲水加压至末端试水装置处无气体排出时，逐渐关闭末端试水装置。

（7）观察喷头处应无渗漏，将系统恢复至正常运行状态。

（8）记录检查和维修情况并清理现场。

2. 更换湿式报警阀组压力开关

（1）比对核查新换件规格、型号和性能参数，应与待换件匹配或一致。

（2）调整消防泵组电气控制柜为手动工作状态。

（3）关闭报警阀报警管路控制阀，确认警铃试验阀处于关闭状态。

（4）打开原报警阀组压力开关外壳，断开连接线，使用工具拆下压力开关。

（5）对管道和新压力开关接口进行清洁，安装并正确接线，接口处应连接严密。

（6）打开警铃试验阀，通过配用输入模块、火灾报警控制器观察信号反馈情况应正常，观察压力开关与管道连接处应无渗漏。必要时可通过调整压力开关调节螺钉，使其动作压力符合规定值。

（7）关闭警铃试验阀，余水排出后打开报警管路控制阀，将消防泵组电气控制柜恢复为自动工作状态。注意：当采用记忆型压力开关时，应先手动复位压力开关。

（8）分别进行系统连锁控制和联动功能测试，功能正常后将系统恢复正常运行状态。连锁控制和联动控制功能测试方法见第三篇"测试湿式、干式自动喷水灭火系统的连锁控制和联动控制功能"相关内容。

（9）记录检查和维修情况并清理现场。

3. 更换干式报警阀阀瓣密封圈

（1）关闭干式报警阀组所有阀门。

（2）打开供水侧放水阀和系统上全部辅助排水阀门，排除余水；推动自动滴水阀的推杆，推杆能伸缩且流水已很微小时即可认定水已排尽。

（3）拆下阀盖上的螺栓，取下阀盖、密封垫。

（4）依次取出阀瓣销轴和阀瓣组件，将以上零部件及阀体内部清洗干净后更换密封阀。

（5）检查防复位锁止机构的动作灵活性和可靠性，重新依次装好阀瓣组件、密封垫和阀盖。

（6）关闭系统所有辅助排水阀并复位阀瓣。

（7）进行滴水灌注和加气作业。

（8）通过自动滴水阀检查渗漏状况，如渗漏严重，重复前述步骤，清除阀瓣密封圈异物或再次进行更换。

（9）缓慢开启供水侧控制阀，给系统供水。当有水从放水阀处流出时关闭放水阀。

（10）复位各管路阀门，使系统恢复正常运行状态。

4. 记录检查测试情况

规范填写《建筑消防设施故障维修记录表》。

要点 035　更换消防增（稳）压设施组件

职业功能	工作内容	技能要求	相关知识要求	分项考点	分数	总分
4 设施维修	4.2 自动系统灭火维修	4.2.2 能更换消防增（稳）压设施组件	4.2.3 消防增（稳）压设施的常见故障和维修方法	1. 故障现象——气压罐内供水水量不足	0.6	3
				2. 故障现象——稳压泵漏水	0.6	
				3. 故障现象——稳压泵在规定时间内不能恢复压力	0.6	
				4. 故障现象——稳压泵不能正常启动	0.6	
				5. 故障现象——稳压泵启动频繁	0.6	

一、操作准备

1. 熟悉稳压系统等组件。

2. 准备螺丝刀、扳手等通用维修工具，清洁工具，生料带或麻丝等，系统调试、检查工具。

3. 准备产品安装使用说明书、《建筑消防设施故障维修记录表》等。

二、操作步骤

1. 故障现象——气压罐内供水水量不足

原因分析：

（1）气压罐的有效容积、水位及工作压力没有按设计值标定。

（2）气压罐泄水管阀门未关闭。

维修方法：

（1）根据气压罐设计值，检查并标定有效容积、水位及工作压力。

（2）检查气压罐管路系统，关闭泄水阀门。

2. 故障现象——稳压泵漏水

原因分析：

（1）稳压泵的密封圈松动、老化或损坏。

（2）稳压泵进出水管道接口渗漏。

（3）稳压泵控制阀渗漏。

维修方法：

（1）更换密封圈。

（2）检查设施——管道接口渗漏点，管道接口锈蚀、磨损严重的应更换管道接口相关部件。

（3）维修或更换控制阀。

3. 故障现象——稳压泵在规定时间内不能恢复压力

原因分析：

（1）管道内残存空气。

（2）管道有渗漏。

（3）稳压泵出口压力低。

（4）稳压泵损坏。

（5）稳压泵停泵压力设定低。

维修方法：

（1）打开就近的泄水通道，完全排除管道空气。

（2）检查管道渗漏点并进行补漏。

（3）调节稳压泵压力调节螺钉使出口压力正常。

（4）维修或更换稳压泵。

（5）根据设计值重新设定稳压泵停泵压力。

4. 故障现象——稳压泵不能正常启动

原因分析：

（1）稳压泵启泵压力设定不正确。

（2）稳压泵启停的压力信号开关控制不能正常工作。

（3）消防联动控制设备中的控制模块损坏。

（4）消防泵组电气控制柜、联动控制设备的控制模式未设定在"自动"状态。

（5）灭火后稳压泵处于停止状态。

维修方法：

（1）根据设计值重新设定稳压泵启泵压力。

（2）检测和调整压力信号开关控制使正常启闭，不能修复的予以更换。

（3）逐一检查控制模块，采用其他方式启动稳压泵，核定问题模块，予以修复或更换。

（4）将控制模式设定为"自动"状态。

（5）灭火后手动恢复稳压泵处于正常控制状态。

5. 故障现象——稳压泵启动频繁

原因分析：

（1）管网有泄漏，不能正常保压。

（2）稳压泵启停压力设定不正确或电接点压力表（压力开关）损坏。

维修方法：

（1）排查泄漏原因并进行维修，阀门损坏的应及时更换，安全阀起跳压力设定不正确的及时进行调整或更换。

（2）按照设计值核对和调整启停压力，维修或更换损坏件。

要点 036　更换消防水泵接合器、消防水池、消防水箱组件

职业功能	工作内容	技能要求	相关知识要求	分项考点	分数	总分
4 设施维修	4.2 自动系统灭火维修	4.2.3 能更换消防水泵接合器、消防水池、消防水箱组件	4.2.4 消防水泵接合器、消防水池、消防水箱的常见故障和维修方法	1. 故障现象——消防水泵接合器漏水	0.4	3
				2. 故障现象——无法通过消防水泵接合器向室内管网供水	0.4	
				3. 故障现象——消防水泵接合器过水能力不足	0.5	
				4. 故障现象——消防水池（水箱）没水或漏水	0.4	
				5. 故障现象——消防水池（水箱）液位报警	0.5	
				6. 故障现象——消防水池（水箱）液位显示装置无法显示液位	0.4	
				7. 故障现象——消防水池（水箱）无法出水或放空	0.4	

一、操作准备

1. 熟悉水泵结合器、消防水池、消防水箱等组件。

2. 准备螺丝刀、扳手等通用维修工具，清洁工具，生料带或麻丝等，系统调试、检查工具。

3. 准备产品安装使用说明书、《建筑消防设施故障维修记录表》等。

二、操作步骤

1. 故障现象——消防水泵接合器漏水

原因分析：

（1）止回阀安装方向错误。

（2）止回阀损坏。

（3）止回阀被砂石等异物卡住。

维修方法：

（1）按正确方向重新安装止回阀。

（2）维修或更换止回阀。

（3）顺水流方向利用高压水冲洗止回阀，或拆开止回阀，清理后装回。

2. 故障现象——无法通过消防水泵接合器向室内管网供水

原因分析：

（1）止回阀安装方向错误。

（2）控制阀被误关闭。

（3）严寒地区防冻措施不到位，致使阀门或管内水冻结。

（4）消防水泵接合器选择错误或所属给水系统和分区标识不正确。

维修方法：

（1）按正确方向重新安装止回阀。

（2）非施工安装或维修作业，水泵接合器控制阀必须完全打开。

（3）采取可靠的防冻措施。

（4）正确设置给水系统和分区标识，根据拟供水系统正确选择消防水泵接合器。

3. 故障现象——消防水泵接合器过水能力不足

原因分析：

（1）连接处密封不严、损坏或管道损坏，渗漏严重。

（2）止回阀粘连，开启度不够。

（3）安全阀选型不当或损坏，起跳泄水。

（4）控制阀未完全开启。

（5）放水阀被误开启。

（6）设备或管道内有杂物。

维修方法：

（1）更换密封圈、紧固螺栓或更换损坏件。

（2）维修或更换止回阀。

（3）维修或更换安全阀。

（4）完全开启控制阀。

（5）关闭放水阀。

（6）清除杂物并按施工和验收标准重新安装。

4. 故障现象——消防水池（水箱）没水或漏水

原因分析：

（1）进水管浮球阀或液位控制阀损坏，无法进水。

（2）排污管（放空管）、出水管管路渗漏。

（3）排污管（放空管）上控制阀未关闭。

（4）消防水池（水箱）腐蚀或锈蚀。

维修方法：

（1）更换损坏件。

（2）对泄漏部位进行堵漏、维修或更换。

（3）完全关闭排污管（放空管）控制阀。

（4）防腐、除锈，并对泄漏部位进行堵漏。

5. 故障现象——消防水池（水箱）液位报警

原因分析：

（1）浮球阀或液位控制阀产品存在质量问题，无法关闭。

（2）液位过低。

（3）液位报警装置发生报警故障。

（4）报警液位设定不准确。

维修方法：

（1）维修或更换浮球阀、液位控制阀。

（2）排查液位过低原因并进行维修。

（3）维修或更换液位报警装置。

（4）重新设定报警液位。

6. 故障现象——消防水池（水箱）液位显示装置无法显示液位

原因分析：

（1）未安装就地液位显示装置。

（2）玻璃管液位计进水管被误关闭，排水管被误打开，浮子损坏或被异物卡住。

（3）水位信号装置损坏、线路损坏。

维修方法：

（1）按要求安装就地液位显示装置。

（2）正确启、闭阀门，冲洗管道，更换浮子等损坏件。

（3）维修或更换损坏件。

7. 故障现象——消防水池（水箱）无法出水或放空

原因分析：

（1）严寒地区未采取防冻措施或防冻措施失效，产生冰封。

（2）出水或排污管路因水生浮游物、沉淀物、外来杂物、遗落的检查工具和油漆等导致堵塞。

（3）通气管、溢流管管口防虫网未安装或损坏，导致小动物进入堵塞出水管路。

（4）水箱出水管止回阀安装有误或损坏。

（5）排污管（放空管）上阀门损坏。

维修方法：

（1）增补防冻措施，消除冰封。

（2）进行清洗、清理和疏通作业。

（3）同（2）并维修或加设防护网。

（4）正确安装止回阀或进行维修、更换。

（5）维修或更换损坏的阀门。

规范填写《建筑消防设施故障维修记录表》。

要点 037　更换消防电话系统、消防应急广播系统组件

职业功能	工作内容	技能要求	相关知识要求	分项考点	分数	总分
4 设施维修	4.3 其他消防设施维修	4.3.1 能更换消防电话模块、消防电话分机和消防电话插孔	4.3.1 消防电话系统的常见故障和维修方法	1. 接通电源	0.5	3
				2. 确定故障点位置	0.5	
				3. 查找故障原因	0.5	
				4. 更换器件	0.5	
				5. 功能检查	0.5	
		4.3.2 能更换消防应急广播模块和扬声器	4.3.2 消防应急广播系统的常见故障和维修方法	6. 记录检查测试情况	0.5	

一、操作准备

1. 熟悉火灾自动报警系统、消防电话系统、消防应急广播系统及相关组件。

2. 准备螺丝刀等通用维修工具，消防电话系统、消防应急广播系统组件，专用拆卸工具。

3. 准备消防电话系统、消防应急广播系统及火灾自动报警系统平面布置图、消防设备联系逻辑说明或设计要求、设备使用说明书、《建筑消防设施故障维修记录表》。

二、操作步骤

1. 接通电源

消防电话系统、消防应急广播系统中组件处于故障状态（采用损坏组件）。

2. 确定故障点位置

根据火灾报警控制器显示的故障信息，对照系统平面布置图，确定故障部件的部位，并记录故障器件的编码。

3. 查找故障原因

确定故障产生原因（如线路故障、底座接触不良等）。如果是线路故障，应对相对应线路进行排查维修，直至线路故障恢复；如果器件自身故障，则需将对应器件进行更换。

4. 更换器件

（1）消防电话分机和消防电话插孔。使用专业拆装工具将消防电话分机和消防电话插孔拆卸。对即将更换的消防电话分机和消防电话插孔拨码；将消防电话分机和消防电话插孔与底座卡扣对准，将其安装到位。

（2）消防应急广播模块、扬声器。使用编码器对即将更换的广播模块编码，再进行读取编码确认；编码后将消防应急广播模块与底座卡扣对准，垂直于底座方向用力按下。

5. 功能检查

对消防应急广播模块与扬声器进行启动功能测试，对消防电话分机、消防电话插孔进行通话功能测试。

6. 记录检查测试情况

规范填写《建筑消防设施故障维修记录表》。

要点 038　更换消防应急照明灯

职业功能	工作内容	技能要求	相关知识要求	分项考点	分数	总分
4 设施维修	4.3 其他消防设施维修	4.3.3 能更换消防应急灯具	4.3.3 消防应急照明和疏散指示系统的常见故障和维修方法	1. 嵌顶、吸顶、壁挂和地埋安装方式灯具的更换	0.6	3
				2. 进行更换灯具的地址设置和初始化操作	0.6	
				3. 选择编码器写地址功能	0.6	
				4. 按下写按键	0.6	
				5. 记录检查测试情况	0.6	

一、操作准备

1. 熟悉消防应急照明和疏散指示系统。

2. 准备常用工具；剥线钳、绝缘胶带、万用表、灯具编码器等。

3. 准备消防应急照明和疏散指示系统的系统图及平面布置图、《建筑消防设施故障维修记录表》。

二、操作步骤

1. 嵌顶、吸顶、壁挂和地埋安装方式灯具的更换

（1）更换消防应急灯具之前，关闭应急照明控制器和消防集中应急电源，切断消防应急灯具供电，保证灯具更换工作的整个过程都是在断电的环境下进行。

317

（2）通过查看消防应急照明和疏散指示系统的平面布置图和编码表，找到要更换的消防应急灯具。利用螺丝刀、剥线钳等常用工具将需要更换的灯具拆卸下来。

（3）为新更换的消防应急照明灯具进行编码。确保灯具周围无遮挡物，并保证灯具上的各种状态指示灯易于观察。

（4）打开应急照明控制器和消防集中应急电源，灯具进行自动登录，保证新更换的消防应急灯具可以正常运行。

2. 进行更换灯具的地址设置和初始化操作

（1）将编码器与灯具的通信总线连接，长按电源键 2s，打开编码器。

（2）同时按下数字 7 和数字 9 两个按键，将编码器的编码模式切换到 T6 模式。

3. 选择编码器写地址功能

按下数字 2 按键，选择编码器写地址功能。

4. 按下写按键

输入要编写地址，按下写按键，编码完成，编码器显示写入成功。

5. 记录检查测试情况

规范填写《建筑消防设施故障维修记录表》。

要点 039　更换防火卷帘和防火门组件

职业功能	工作内容	技能要求	相关知识要求	分项考点	分数	总分
4 设施维修	4.3 其他消防设施维修	4.3.4 能更换防火卷帘和防火门组件	4.3.4 防火卷帘和防火门的常见故障和维修方法	1. 更换防火卷帘手动按钮盒	1	3
				2. 更换防火门电动闭门器滑槽	1	
				3. 记录检查测试情况	1	

一、操作准备

1. 熟悉防火卷帘、手动按钮盒、防火门及闭门器。
2. 准备螺丝刀、扳手等维修工具。
3. 准备产品安装使用说明书、《建筑消防设施故障维修记录表》。

二、操作步骤

1. 更换防火卷帘手动按钮盒

（1）比对核查新换件规格、型号和性能参数，应与待换件匹配或一致。

（2）关闭防火卷帘控制器电源。

（3）用工具拆除损坏的手动按钮盒。

（4）将新按钮盒按产品说明书接线。

（5）将手动按钮盒安装到原位置。

（6）开启防火卷帘控制器电源。

（7）测试手动按钮盒的上升、下降、停止功能。

2. 更换防火门电动闭门器滑槽

以某型电动闭门器结构组成中滑槽的更换为例，其操作步骤如下：

（1）比对核查新换件规格、型号和性能参数，应与待换件匹配或一致。

（2）取下防火门监控模块上盖。

（3）用螺丝刀取下连杆与滑槽的连接螺钉。

（4）拆开滑槽与模块连接的线路，卸下滑槽的固定螺钉，取下滑槽。

（5）确定新滑槽安装位置，确保接线端朝向且贴近铰链侧，确保滑槽安装的水平度、连杆与滑槽连接后的水平度，确保各活动部件运转不受阻碍。

（6）将新滑槽紧固在门框上，按标准接线方式连接滑槽与模块的电源线和信号线。

（7）连接连杆与滑槽，并将连接螺钉拧到位。

（8）将门扇开启至所需角度后，将滑槽内的电控定位器调整到合适位置并用螺丝刀紧固在滑轨上。

（9）门扇关闭到位，将滑槽内的信号反馈装置调整到合适位置后用螺丝刀紧固在滑轨上。

（10）合上防火门监控模块上盖。

（11）进行手动和电动关门测试，查看防火门动作情况、关闭效果和信号反馈情况，并结合测试情况对闭门器主体、滑槽信号反馈装置等进行调节。

3. 记录检查测试情况

规范填写《建筑消防设施故障维修记录表》。清理作业现场。

要点 040 维修消火栓（箱）组件

职业功能	工作内容	技能要求	相关知识要求	分项考点	分数	总分
4 设施维修	4.3 其他消防设施维修	4.3.5 能更换消火栓箱组件，绑扎消防水带	4.3.5 消火栓系统的常见故障和维修方法	1. 更换消火栓按钮	1	3
				2. 绑扎消防水带	1	
				3. 更换室内消火栓	1	

一、操作准备

1. 熟悉消火栓和消火栓按钮（含复位工具）及配套的编码器、火灾自动报警系统。

2. 准备螺丝刀、老虎钳、管钳、螺钉、16 号铁丝、麻丝、液体生料带等。

3. 准备系统竣工资料、产品说明书、《建筑消防设施故障维修记录表》等。

二、操作步骤

1. 更换消火栓按钮

以某型消火栓按钮更换为例，其操作步骤如下：

（1）检查新按钮，应无损伤、松动，核对新按钮规格、型号，与原按钮一致。

（2）分别分离新、旧消火栓按钮底座和上盖。

（3）对相关连接线路进行标记后拆下旧按钮底座。

（4）通过查阅资料、查询火灾自动报警系统、读取旧按钮编码等方式获取该按钮编码，并对新按钮进行编码写入。

（5）将相关连接线路通过背穿或侧穿方式引入底座后，使用螺钉固定新底座，并进行接线［或按（3）的标记进行对应接线］。

（6）查验线路压接质量（10cm的余线），将上盖插入底座，按压使两部分扣合紧密。

（7）测试消火栓按钮功能。

（8）记录维修情况，并清理作业现场。

2. 绑扎消防水带

（1）将铁丝一头固定，并用力拉直铁丝，以免铁丝在后续操作中产生形变，影响绑扎效果。

（2）分离水带接口部件，并分别套装在水带上。

（3）将铁丝非固定端折弯90°并预留10～15cm长度。

（4）由内接口根部处箍槽开始向外做螺旋缠绕绑扎，每股铁丝之间要相互贴紧，并在每缠绕一周后用力向后拉，使绑扎更加牢固。

（5）每个箍槽缠绕5～6圈后，与预留的铁丝沿紧固方向拧两圈。

（6）依次完成其他箍槽缠绕绑扎后进行收尾紧固并剪断多余铁丝。完成收尾后，将铁丝向回折，敲压使之尽量贴合水带表面，防止使用时水带划破或人员划伤。

（7）将绑扎起始处的铁丝90°弯头沿紧固方向拧1～2圈，收紧铁丝。

（8）将外接口移至最前端，使用螺丝刀将卡簧移至卡簧槽内以限制外接口移动。

（9）同样绑扎好水带另一头接口，连接室内消火栓、水带、水枪进行出水试验，测试绑扎质量。

3. 更换室内消火栓

（1）关闭拟更换消火栓的供水阀门。

1）若消火栓附近设置有检修蝶阀，关闭该蝶阀即可。

2）若未设置检修蝶阀，则关闭该消火栓所在的竖管与供水槽干管相接处的供水控制阀。

3）前两种方式均无法实现时，则关闭高位消防水箱消火栓系统出水管路控制阀，并可通过打开消防水池处消火栓系统泄水阀或消防水泵试水管路辅助排水。

（2）取出消火栓箱内水带、水枪，并排出消火栓余水。

（3）卸下拟更换消火栓接口，并使用管钳旋下消火栓。

（4）清理管道丝扣处的杂物，用麻丝缠绕丝扣并用液体生料带（或铅油）涂覆。

（5）卸下新消火栓接口，用管钳安装好新的消火栓，安装并拧紧接口。

（6）确认消火栓处于关闭状态，查看开启之前关闭的供水阀门是否漏水，如漏水应重复安装，不漏水则安装好水带和水枪。

要点 041 维修水基型灭火器和干粉灭火器

职业功能	工作内容	技能要求	相关知识要求	分项考点	分数	总分
4 设施维修	4.3 其他消防设施维修	4.3.6 能维修水基型灭火器、干粉型灭火器	4.3.6 水基型灭火器、干粉型灭火器的常见故障和维修方法	1. 做好原始信息记录	0.3	3
				2. 维修前检查	0.3	
				3. 拆卸灭火器	0.3	
				4. 按要求进行灭火剂清除回收	0.3	
				5. 填写记录	0.3	
				6. 更换零部件并记录	0.3	
				7. 充装量确认并记录	0.3	
				8. 气密试验确认并记录	0.3	
				9. 称重确认并记录	0.3	
				10. 整理维修记录	0.3	

一、操作准备

1. 熟悉 2L 和 4L 两种规格维修的手提贮压式水基型灭火器。

2. 准备专用维修工具和设备，包括装加夹工具、专用拆卸工具、水压试验设备、烘干设备、水基型灭火剂充灌设备、电子秤、驱动气体加压设备及气源和气密试验槽等。

3. 准备灭火器生产企业的装配图样和可更换零部件的明细表、操作指导手册。

4. 准备《原始信息记录表》《灭火器维修记录单》、灭火器维修合格证等。

二、操作步骤

1. 做好原始信息记录

填写《原始信息记录单》。

2. 维修前检查

通过目测对灭火器外观和铭牌标志进行维修前检查，确认该灭火器是否属于报废范畴，并填写《灭火器维修记录单》中的《维修前检查记录》或《报废记录单》。

3. 拆卸灭火器

4. 按要求进行灭火剂清除回收

5. 填写记录

在进行水压试验前对灭火器受压零部件逐个进行检查，确认是否属于报废的受压零部件，并填写《报废记录单》。对经水压试验的受压零件，逐个记录并填写《灭火器维修记录单》中的《水压试验记录单》或《报废记录单》。

6. 更换零部件并记录

填写《灭火器维修记录单》中的《更换零部件记录单》。

7. 充装量确认并记录

充装灭火剂及驱动气体，逐具进行充装量复称确认，并填写《灭火气维修记录单》中的《维修出厂检验记录单》。

8. 气密试验确认并记录

将充装好灭火剂的瓶体放入气密试验槽内逐具进行气密试验，并填写《灭火器维修记录单》中的《维修出厂检验记录单》。

9. 称重确认并记录

对气密试验合格的灭火器进行总装配，装配完毕后对灭火器进行称重并填写《灭火器维修记录单》中的《维修出厂检验记录单》。

10. 整理维修记录

要点 042　更换防排烟系统组件

职业功能	工作内容	技能要求	相关知识要求	分项考点	分数	总分
4 设施维修	4.3 其他消防设施维修	4.3.7 能更换防烟排烟系统组件	4.3.7 防烟排烟系统的常见故障和维修方法	1. 更换备件与原件一致	0.2	3
				2. 拆除螺栓，卸下手柄	0.2	
				3. 取下外壳，拉出钢丝	0.3	
				4. 拆除连接线，做标记	0.3	
				5. 卸下执行器	0.3	
				6. 清洁连接部位	0.3	
				7. 保证安装位置与原件一致	0.3	
				8. 安装执行机构	0.3	
				9. 安装手柄及钢丝	0.2	
				10. 连接线安装	0.2	
				11. 测试反馈功能	0.2	
				12. 记录维修情况	0.2	

一、操作准备

1. 熟悉机械加压送风系统、机械排烟系统、风阀执行器。

2. 准备螺丝刀、扳手等维修工具，清洁工具。

3. 准备产品安装使用说明书、《建筑消防设施故障维修记录单》。

二、操作步骤

以带有温感器的执行器更换为例，其操作步骤如下：

1. 更换备件与原件一致

比对核查新换件规格、型号和性能参数，应与待换件匹配或一致。

2. 拆除螺栓，卸下手柄

使用扳手旋松旧执行器手柄固定螺栓，卸下手柄。

3. 取下外壳，拉出钢丝

取下执行器外壳，并拉出钢丝绳拉环。

4. 拆除连接线，做标记

依次拆下执行器与模块间接线，并做好线头保护与线路标记。

5. 卸下执行器

拆下执行器与阀体间的固定螺钉，卸下执行器。

6. 清洁连接部位

清洁阀体与新执行器的连接部位。

7. 保证安装位置与原件一致

手动调整，确保阀门与新执行器当前启闭状态一致，齿、槽对应，温感器与阀体预留孔洞位置一致。

8. 安装执行机构

装上执行器并拧紧固定螺钉。

9. 安装手柄及钢丝

装上手柄，并配合使用钢丝绳拉环，测试阀门的启闭功能应正常。

10. 连接线安装

再次卸下手柄，按线路标记或执行器接线图正确接线，并将钢丝绳拉环由里至外传出外壳。

11. 测试反馈功能

扣合外壳后，装上手柄执行器的信号反馈功能应正常。手动启闭风阀，查看执行器的信号反馈功能应正常。

12. 记录维修情况

规范填写《建筑消防设施故障维修记录单》。

要点 043　检查火灾自动报警系统组件

职业功能	工作内容	技能要求	相关知识要求	分项考点	分数	总分
5 设施检测	5.1 火灾自动报警系统检测	5.1.1 能检查火灾自动报警系统各组件的安装位置、数量、规格和型号	5.1.1 火灾自动报警系统各组件的设置和安装要求	1. 检查火灾自动报警控制器	0.3	1.5
				2. 检查火灾探测器		
				3. 检查手动火灾报警按钮	0.3	
				4. 检查火灾显示盘		
				5. 检查火灾报警装置	0.3	
				6. 检查模块	0.3	
				7. 记录	0.3	

一、操作准备

1. 熟悉火灾自动报警系统及相关组件。

2. 准备火灾自动报警系统图、设置火灾自动报警系统的建筑平面图、消防设备联动逻辑说明或设计要求、设备的使用说明书、《建筑消防设施巡查记录表》。

二、操作步骤

1. 检查火灾自动报警控制器

查看火灾报警控制器声、光显示器件（发光二极管、数码管、液晶屏等）和指示灯功能应正常，系统显示时钟与北京时间应无误差，打印机处于开启状态。观察火警、监管、故障、屏蔽、指示灯、屏幕指示灯应处于熄灭状态，控制器应处于无火灾报警、监管报警、故障报警状态，控制器未屏蔽有关火灾探测器等。

消防控制中心系统主机的通信指示灯应处于绿色闪亮或常亮状态（通信板在主机后方），主机与从机间通信应无故障。

查看电源故障指示灯状态，控制器电源应处于正常状态（运行指示灯为绿色常亮）。

2. 检查火灾探测器

火灾探测器表面应无影响探测功能的障碍物，如感温原件表面涂覆涂料，点型感烟探测器烟气通道被涂料、胶带纸、防尘罩等堵塞。

火灾探测器周围应无影响探测器及时报警的障碍物，如突出顶棚的装修隔断、空调出风口等。具有巡检指示功能的火灾探测器其巡检指示灯应正常闪亮。

3. 检查手动火灾报警按钮

标识应清晰，面板无破损，使用过的易损件应用标配易损件进行更换。具有巡检指示功能的手动火灾报警按钮其指示灯应正常闪亮。

带有电话插孔的手动火灾报警按钮。其保护措施应完好，插孔内无影响通话的杂物。手动火灾报警按钮周围不存在影响辨识和操作的障碍物。

4. 检查火灾显示盘

火灾显示盘应处于正常工作状态，工作状态指示灯应处于绿色点亮状态。周边不存在影响观察的障碍物。

5. 检查火灾报警装置

火灾警报装置周围不存在影响观察、声音传播的障碍物。

6. 检查模块

模块安装应牢固，工作状态指示灯应闪亮。信号输入模块至监控对象的连接线保护措施应完好有效，导线连接无松动、脱落。

7. 记录检查测试情况

规范填写《建筑消防设施巡查记录表》。

要点 044　测试火灾自动报警系统组件功能

职业功能	工作内容	技能要求	相关知识要求	分项考点	分数	总分
5 设施检测	5.1 火灾自动报警系统检测	5.1.2 能测试点（线）型感烟（温）火灾探测器、手动火灾报警按钮和火灾警报装置等火灾自动报警系统组件功能	5.1.2 火灾自动报警系统各组件功能的测试方法	1. 确认系统处于正常监视状态	0.2	1.5
				2. 测试火灾探测器功能	0.3	
				3. 测试手动火灾报警按钮	0.3	
				4. 测试火灾报警装置	0.3	
				5. 复位	0.3	
				6. 记录	0.1	

一、操作准备

1. 熟悉火灾自动报警系统。

2. 准备加烟器、感烟探测器功能试验器、测量范围为 0～120dB（A 计权）的声级计、测量范围为 0～500lx 的照度计和秒表。

3. 准备火灾自动报警系统图、设置火灾自动报警系统的平面图、消防设施逻辑说明或设计要求、设备的使用说明书、《建筑消防设施检测记录表》。

二、操作步骤

1. 确认系统处于正常监视状态

确认火灾自动报警系统组件与火灾报警控制器连接正确并接通

电源，处于正常监视状态。

2. 测试火灾探测器功能

（1）点型感烟火灾探测器

① 用火灾探测器加烟器（试验烟可由蚊香、棉绳、香烟等材料阴燃产生）向点型感烟火灾探测器侧面滤网是施加烟气，火灾探测器的报警确认灯应点亮，并保持至复位。点型感烟火灾探测器应输出火灾报警信号，火灾报警控制器应接收火灾报警信号，并发出火灾报警声、光信号，显示发出火灾报警信号探测器的地址注释信息。

② 消除探测器内及周围烟雾，复位火灾报警控制器，通过报警确认灯显示探测器其他工作状态时，被显示状态应与火灾报警状态有明显区别。

（2）点型感温火灾探测器

① 用感温探测器功能试验器（或热风机）给点型感温火灾探测器的感温元件加热，火灾探测器的报警确认灯应点亮，并保持至被复位。点型感温火灾探测器应输出火灾报警信号，火灾报警控制器应接收火灾报警信号并发出火灾报警声、光信号，显示发出火灾报警信号探测器的地址注释信息。

② 复位火灾报警控制器，通过报警确认灯显示探测器其他工作状态时，被显示状态应与火灾报警状态有明显区别。

3. 测试手动火灾报警按钮

① 按下手动火灾报警按钮的启动零件，红色报警确定灯应点亮，并保持至复位。手动火灾报警按钮应输出火灾报警信号，显示发出火灾报警信号的手动火灾报警按钮的地址注释信息。

② 更换或复位手动火灾报警按钮的启动零件，复位火灾报警控制器，手动火灾报警按钮的报警确认灯应与火灾报警状态时有明显区别。

4. 测试火灾报警装置。

① 触发同一报警区域内两只独立的火灾探测器或一只火灾探测器与一只手动火灾报警按钮，或手动操作火灾报警控制器发出火

灾报警信号，启动火灾警报装置。火灾报警控制器应接收火灾探测器和手动火灾报警按钮的火灾报警信号并发出火灾报警声、光信号。火灾报警控制器显示发出火灾报警信号的探测器和手动火灾报警按钮的地址注释信息。

② 火灾报警装置启动后，使用声级计测量火灾报警装置的声信号，至少在一个地方向上 3m 处的声压级应不小于 75dB（A 计权）。同时，具有声光警报功能的光信号 100～500lx 环境光线下，在 25m 处应清晰可见。

5. 复位

检测完毕后，应将各火灾自动报警系统组件恢复至原状。

6. 记录检查测试情况

规范填写《建筑消防设施检测记录表》。

要点 045　测试火灾自动报警系统联动功能

职业功能	工作内容	技能要求	相关知识要求	分项考点	分数	总分
5 设施检测	5.1 火灾自动报警系统检测	5.1.3 ★ 能测试火灾自动报警系统联动功能	5.1.3 火灾自动报警系统联动功能测试方法	1. 确认控制器状态	0.1	1.5
				2. 标记输入输出模块	0.1	
				3. 触发关联设备	0.1	
				4. 观察警报装置启动情况	0.1	
				5. 观察风机、风阀启动情况	0.1	
				6. 观察防火卷帘动作情况	0.1	
				7. 观察非消防电源动作情况	0.1	
				8. 观察消防应急照明和疏散指示系统动作情况	0.2	
				9. 观察消防应急广播系统启动情况	0.1	
				10. 观察消防电梯动作情况	0.1	
				11. 观察电动栅杆动作情况	0.1	
				12. 观察消防水泵是否启动	0.1	
				13. 观察消防联动控制器的反馈情况	0.1	
				14. 记录	0.1	

一、操作准备

1. 熟悉火灾自动报警系统。

2. 准备火灾自动报警系统图、设置火灾自动报警系统的建筑平面图、消防设备联动逻辑说明或设计要求、设备的使用说明书、《建筑消防设施检测记录表》。

二、操作步骤

1. 确认控制器状态

确认消防联动控制器直接或通过模块与受控设备连接（应选择启动后不会造成损失的受控设备进行试验），接通电源，处于正常工作状态。消防联动控制器处于"自动允许"状态。

2. 标记输入输出模块

将输入输出模块分别标记为非消防电源、消防电梯、电动栅杆等设备。

3. 触发关联设备

随机触发同一防火分区的两个及以上不同探测形式的报警触发装置同时动作，联动相关消防设备。

4. 观察警报装置启动情况

观察本防火分区内警报装置的启动情况。

5. 观察风机、风阀启动情况

观察本分区的排烟风机和加压送风风机启动情况。相关层电梯前室、剪刀梯等需要加压送风场所的电动风阀打开，排烟风机启动，排烟风口、排烟窗或排烟阀开启，同时停止该防烟分区的空气调节系统。

6. 观察防火卷帘动作情况

疏散通道上设置的防火卷帘下降至距楼板面 1.8m 处，非疏散通道上设置的防火卷帘下降到楼板面。

7. 观察非消防电源动作情况

观察本分区非消防电源动作情况。

8. 观察消防应急照明和疏散指示系统动作情况

观察由发生火灾的报警区域开始，顺序启动消防应急照明和疏散指示系统情况。

9. 观察消防应急广播系统启动情况。

10. 观察消防电梯动作情况

观察消防电梯是否停于首层。

11. 观察电动栅杆动作情况

观察设计疏散的电动栅杆等自动打开，疏散通道上由门禁系统控制的门和庭院电动大门自动打开，停车场出入口挡杆儿自动打开。

12. 观察消防水泵是否启动

消防水泵的动作信号应作为系统的联动反馈信号反馈至消防控制室。

13. 观察消防联动控制器的反馈情况

在消防控制室火灾报警控制器主机显示屏上查看火灾探测器、手动火灾报警按钮、声光报警、防排烟系统，防火卷帘，消防应急广播系统，消防应急照明和疏散指示系统，非消防电源、电梯和消防水泵等消防联动设备动作反馈信号。

14. 记录检查测试情况

规范填写《建筑消防设施检测记录表》。

要点 046　使用手摇式接地电阻测试仪测量火灾自动报警系统接地电阻

职业功能	工作内容	技能要求	相关知识要求	分项考点	分数	总分
5 设施检测	5.1 火灾自动报警系统检测	5.1.4 能测试火灾自动报警系统接地电阻	5.1.4 火灾自动报警系统接地电阻测试方法	1. 拆开接地干线与接地体的连接	0.2	1.5
				2. 放置手摇式接地电阻测试仪	0.2	
				3. 接线	0.2	
				4. 埋设接地棒	0.2	
				5. 校准定挡	0.2	
				6. 逐渐加快手柄转速	0.2	
				7. 记录	0.3	

一、操作准备

1. 熟悉火灾自动报警系统。

2. 准备手摇式接地电阻测试仪（ZC29 型）1 台、2 根接地棒、1 根 40m 纯铜接地线、1 根 20m 纯铜接地线、1 根 5m 纯铜接地线。

3. 准备《建筑消防设施检记录表》。

二、操作步骤

1. 拆开接地干线与接地体的连接

2. 放置手摇式接地电阻测试仪

将手摇式接地电阻测试仪放置在离测试点1~3m处,放置应平稳、便于操作。

3. 接线

E端扭接 5m 导线,P 端扭接 20m 导线,C 端扭接 40m 导线,导线的另一端分别接到被测物接地体 E、接地棒 P、接地棒 C。

4. 埋设接地棒

使接地体 E、接地棒 P、接地棒 C 在一条直线上并相距 20m,且接地棒 P 位于 E 和 C 之间,两根接地棒插入地面约 400mm 深。

(1) 当测量火灾自动报警系统共用接地装置的接地电阻时,其电阻值要求小于1Ω,且将仪器上 E—E 两个接线柱间的镀铬铜板断开。

(2) 当测量火灾自动报警系统专用接地装置的接地电阻时,其电阻值要求小于 4Ω,且将仪器上 E—E 两个接线柱用镀铬铜板短接。

5. 校准定挡

检查检流计指针是否在中心刻度线上,如有偏离,要进行机械调零。测量火灾自动报警系统共用接地装置的接地电阻时,其电阻值要求小于1Ω,应将倍率开关挡位选择至×0.1挡位;测量火灾自动报警系统专用接地装置的接地电阻时,其电阻值要求小于 4Ω,应将倍率开关挡位选择至×1 挡位。

6. 逐渐加快手柄转速

使其达到150r/min。当检流计指针指向某一方向偏转时,旋动电位器刻度盘,使检流计指针指在中心"0"平衡点上。

7. 记录检查测试情况

规范填写《建筑消防设施检测记录表》。

要点 047　使用钳形接地电阻测试仪测试火灾自动报警系统接地电阻

职业功能	工作内容	技能要求	相关知识要求	分项考点	分数	总分
5 设施检测	5.1 火灾自动报警系统检测	5.1.4 能测试火灾自动报警系统接地电阻	5.1.4 火灾自动报警系统接地电阻测试方法	1. 开机	0.2	1.5
				2. 校准	0.2	
				3. 仪器校准完毕后	0.2	
				4. 仪器正常开机后	0.2	
				5. 连接接地体	0.2	
				6. 读数	0.2	
				7. 锁定数值	0.1	
				8. 存储测量值	0.1	
				9. 记录检查测试情况	0.1	

一、操作准备

1. 熟悉火灾自动报警系统。

2. 准备钳形接地电阻测试仪（MS2301 型）一台。

3. 准备《建筑消防设施检测记录表》。

二、操作步骤

1. 开机

按"开机"键，进入状态

340

2. 校准

开机后，钳形接地电阻测试仪进行自行校准，以获得较好的准确度。自校准时，显示"WAIT"，同时将显示 CAL9、CAL8、CAL7、CAL0 进行校准计数。

3. 仪器校准完毕后

仪器进入上一次关机时的测量模式，若上一次关机时仪器是处于电阻测量模式，则开机后仪器会显示原电阻测量值。

4. 仪器正常开机后

仪器会自动处于点流量模式，按 Ω 键切换到电阻测量模式。

5. 连接接地体

用钳头钳住火灾自动报警系统共用接地装置接地体或专用接地装置接地体。

6. 读数

从测试仪显示屏上读取当前测量值。

7. 锁定数值

按下 HOLD 键，锁存显示当前测量状态和测得的接地电阻值。

8. 存储测量值

当按下 MEM 键 2s 后，即可存储测量值。

9. 记录检查测试情况

规范填写《建筑消防设施检测记录表》。

要点 048 检查湿式、干式自动喷水灭火系统组件的安装情况

职业功能	工作内容	技能要求	相关知识要求	分项考点	分数	总分
5 设施检测	5.2 自动灭火系统检测	5.2.1 能检查湿式、干式自动喷水灭火系统各组件的安装位置、数量、规格和型号	5.2.1 湿式、干式自动喷水灭火系统各组件的设置和安装要求	1. 检查管网的安装情况	0.3	1.5
				2. 检查洒水喷头的安装情况	0.3	
				3. 检查报警阀组的安装情况	0.3	
				4. 检查组件安装情况	0.3	
				5. 记录检查测试情况	0.3	

一、操作准备

1. 熟悉湿式、干式自动喷水灭火系统。
2. 准备钢卷尺、声级计、坡度仪等检查工具。
3. 准备系统设计文件、产品资料、《建筑消防设施检测记录表》等。

二、操作步骤

1. 检查管网的安装情况

（1）目测观察位置：目测观察管网的位置和设置情况，并对照设计文件、出厂合格证明文件等对管道材质、管径、接头、连接方

式及其防腐、防冻措施进行核对。

（2）测量管网排水坡度，检查辅助排水设施设置情况。

（3）检查设置及安装情况：通过目测、尺测和敲击等方式检查管道支架、吊架、防晃支架的设置情况和安装质量。

（4）检查防护措施及封堵：检查、核对管道穿越墙体，楼板和变形缝处的防护措施和封堵情况。

（5）检查管道表面着漆或色坏的涂覆情况。

2. 检查洒水喷头的安装情况

（1）查验参数：对照消防设计文件查验喷头设置场所、规格、型号以及公称动作温度响应时间指数（RTI）等性能参数。

（2）测量间距：采用钢卷尺测量喷头的安装间距，喷头与楼板、墙、梁等障碍物的距离。

（3）查验安全措施：结合现场环境，查验喷头的安装方式、安装质量和保护措施。有腐蚀性气体的环境、有冰冻危险场所安装的喷头，应采取防腐蚀、防冻等防护措施；有碰撞危险场所的喷头应加设防护罩。

（4）查验备用量：对照设计文件和购货清单点验各种不同规格喷头的备用品数量不少于安装喷头总数的1％，且每种备用喷头不少于10个。

3. 检查报警阀组的安装情况

（1）对照消防设计文件或生产厂家提供的安装图纸，通过目测、尺量的方式，检查报警阀组及其附件的安装位置、结构状态和安装质量，目测和手动核查各个阀门的工作状态和锁定情况。

（2）检查排水设施的情况和排水能力。

（3）对于干式系统，还应检查充气和气压维持装置、加速器等的安装情况。

4. 检查组件安装情况

检查水流指示器、压力开关、末端试水装置等组件的安装情况。

5. 记录检查测试情况

规范填写《建筑消防设施检测记录表》。

要点 049　测试湿式、干式自动喷水灭火系统组件功能

职业功能	工作内容	技能要求	相关知识要求	分项考点	分数	总分
5 设施检测	5.2 自动灭火系统检测	5.2.2 能测试湿式、干式报警阀组的报警功能，能测试末端试水装置的试验功能，能测试气压维持装置的补气功能	5.2.2 湿式、干式报警阀组报警功能、末端试水装置试验功能的测试方法	1. 测试报警阀组报警功能	1	1.5
				2. 测试末端试水装置的试验功能	0.5	

一、操作准备

1. 熟悉湿式、干式自动喷水灭火系统，火灾自动报警及消防联动系统。

2. 准备秒表、声级计等检查测试工具，对讲机或消防插孔电话等通信工具。

3. 准备系统设计文件、竣工验收资料、《建筑消防设施检测记录表》等。

二、操作步骤

1. 测试报警阀组报警功能

专用测试管路测试方法参见第三篇"测试湿式、干式自动喷水

灭火系统的工作压力和流量"相关内容,末端试水装置测试见操作程序 2,报警阀泄水阀测试基本与专用测试管路测试相同。

以湿式报警阀警铃试验阀测试为例,其测试方法如下:

(1)检查管路阀门状态:检查确认系统各管路阀门处于正常启闭状态。

(2)检查控制柜状态:将消防泵组电器控制柜置于"手动"运行状态。

(3)测试警铃:打开警铃试验阀,同时按下秒表开始计时,待警铃响时停止秒表,通过秒表显示核查时间。水力警铃应在 5～90s 内发出报警铃声。

(4)使用声级计测量:距水力警铃 3m 远处警铃声压级不应小于 70dB。

(5)关闭警铃试验阀:观察水力警铃停动、余水排出后,恢复消防泵组电气控制柜为"自动"运行状态。

(6)查看控制器反馈情况:设有消防控制室的还应该查看信号反馈情况,测试完毕后进行复位操作。

(7)记录检查测试情况。

提示:对于干式报警阀组,在开启警铃试验阀前,应首先关闭报警管路控制阀。测试完成后,关闭警铃试验阀并打开报警管路排水阀,余水排出后关闭排水阀,打开报警管路控制阀。干式报警阀组水力警铃应在 15s 内发出报警铃声。

2. 测试末端试水装置的试验功能

以湿式自动喷水灭火系统为例,末端试水装置试验功能如下:

(1)检查阀门控制柜状态:检查确认系统各管路阀门处于正常启闭状态,消防泵组电气控制柜处于"自动"运行状态。

(2)查看压力表读数:查看并记录湿式报警阀组各压力表读数。

(3)打开末端查看读数:缓慢打开末端试水装置控制阀至全开,观察试水接头处水流情况,观察压力表变化情况,记录压力表稳定读数。末端试水装置处的出水压力不应低于 0.05MPa。

（4）测量警铃声强及启泵情况：观察水力警铃、消防水泵的动作情况，查看并记录湿式报警阀压力表变化情况。报警阀动作后，距水力警铃 3m 远处的警铃声压级不应低于 70dB。开启末端试水装置后 5min 内应自动启动消防水泵。

（5）查看控制器反馈情况：在消防控制柜核查水流指示器、压力开关和水泵的动作信号及反馈信号。

要点 050　测试湿式、干式自动喷水灭火系统的工作压力和流量

职业功能	工作内容	技能要求	相关知识要求	分项考点	分数	总分
5 设施检测	5.2 自动灭火系统检测	5.2.3 ★能测试湿式、干式自动喷水灭火系统的工作压力和流量	5.2.3 湿式、干式自动喷水灭火系统工作压力和流量的测试方法	1. 检查控制柜状态	0.2	1.5
				2. 关闭系统侧管网控制阀	0.2	
				3. 开阀计时	0.2	
				4. 观察启动情况	0.2	
				5. 读取并记录数值	0.2	
				6. 恢复至伺服状态	0.2	
				7. 记录测试情况	0.3	

一、操作准备

1. 熟悉湿式、干式自动喷水灭火系统,火灾自动报警和联动控制系统。

2. 准备秒表计时器、对讲机等。

3. 准备系统设计文件、《建筑消防设施检测记录表》等。

二、操作步骤

以设有专用测试管路的湿式自动喷水灭火系统为例,其系统工作压力和流量测试操作如下:

1. 检查控制柜状态

检查确认消防泵电气控制柜处于"自动"运行状态。

2. 关闭系统侧管网控制阀

3. 开阀计时

打开测试管路控制阀，按下秒表或计时器开始计时。

4. 观察启动情况

观察水力警铃报警、消防水泵启动、测试管路压力表和流量计读数变化情况。

5. 读取并记录数值

读取测试管路压力表和流量计稳定读数。

6. 恢复至伺服状态

手动停止消防水泵，关闭测试管路控制阀，在水力警铃铃声停止后，复位火灾自动报警系统和消防泵组电气控制柜，使系统恢复到工作状态。

7. 记录测试情况

结合系统设计文件进行校核，记录系统检查测试情况。

要点 051　测试湿式、干式自动喷水灭火系统的连锁控制和联动控制功能

职业功能	工作内容	技能要求	相关知识要求	分项考点	分数	总分
5 设施检测	5.2 自动灭火系统检测	5.2.4 ★ 能测试湿式、干式自动喷水灭火系统的连锁控制和联动控制功能	5.2.4 湿式、干式自动喷水灭火系统连锁控制和联动控制功能的测试方法	1. 查验控制柜及联动控制器状态	0.2	1.5
				2. 查验控制器反馈信息	0.2	
				3. 手动复位	0.2	
				4. 打开警铃试验阀	0.2	
				5. 观察控制柜及控制室反馈信息	0.2	
				6. 系统复位	0.2	
				7. 控制柜复位	0.3	

一、操作准备

1. 熟悉湿式、干式自动喷水灭火系统，火灾自动报警及联动控制系统。

2. 准备手动火灾报警按钮复位工具。

3. 准备《建筑消防设施检测记录表》。

二、操作步骤

以湿式自动喷水灭火系统为例，其连锁控制与联动控制的功能

测试操作如下：

1. 查验控制柜及联动控制器状态

检查确认消防泵组电气控制柜处于"自动"运行状态，火灾自动报警系统联动控制为"自动允许"状态。

2. 查验控制器反馈信息

缓慢打开末端试水装置至全开，观察压力开关连锁启动消防水泵情况和消防控制室相关指（显）示信息。

3. 手动复位

调整消防泵组电气控制柜为"手动"运行状态，手动停止消防水泵运行，关闭末端试水装置，复位火灾自动报警系统。

4. 打开警铃试验阀

触发该报警阀所在防护区域内任一手动火灾报警按钮，产生报警信号。

5. 观察控制柜及控制室反馈信息

在消防控制室观察联动启动消防水泵命令发出相关信号反馈情况，并与"2"所观察到的相关指（显）示信息进行比对。

6. 系统复位

关闭警铃试验阀，复位手动火灾报警按钮，复位火灾自动报警系统。

7. 控制柜复位

调整消防泵组电气控制柜"自动"运行状态，使自动喷水灭火系统恢复正常运行状态。

要点 052　检查、测试消防设备末端配电装置

职业功能	工作内容	技能要求	相关知识要求	分项考点	分数	总分
5 设施检测	5.3 其他消防设施检测	5.3.1★能检查消防设备末端配电装置的安装位置、数量、规格和型号，测试供电功能	5.3.1 消防设备末端配电装置的设置要求和功能测试方法	1. 确认控制柜正常	0.4	1.5
				2. 转换开关转为自动	0.4	
				3. 断开主电源，观察情况	0.4	
				4. 恢复主电源，观察情况	0.3	

一、操作准备

1. 熟悉消防设备末端配电装置。
2. 准备《建筑消防设施检测记录表》。

二、操作步骤

1. 确认控制柜正常

操作前，全面检查接线是否准确无误，确认之后方可进行操作。将双电源自动转换开关的"手动/自动"开关置于手动位置，接通1号和2号电源，此时1号电源和2号电源指示灯亮，说明两电源接通，供电正常。

2. 转换开关转为自动

将双电源自动转换开关的"手动/自动"开关置于自动位置，则双电源自动转换开关进入"自动"控制状态。此时，内部电动机将转动使第一路电源合闸，常用电源处于工作状态。这时，1 号电源指示灯、1 号电源合闸指示灯亮。

3. 断开主电源，观察情况

断开 1 号常用电源（或者做 1 号电源故障），双电源自动转换开关由常用电源工作位置转换至备用电源工作位置，2 号电源指示灯、2 号电源合闸指示灯亮。

4. 恢复主电源，观察情况

当 1 号常用电源恢复正常时，双电源自动转换开关即自动转换至常用电源工作位置，说明消防设备末端配电装置的供电功能正常。

填写《建筑消防设施检测记录表》。

要点 053　检查、测试消防应急广播系统

职业功能	工作内容	技能要求	相关知识要求	分项考点	分数	总分
5 设施检测	5.3 其他消防设施检测	5.3.2 ★ 能检查消防应急广播系统各组件的安装质量，测试应急广播系统的广播和联动控制功能	5.3.2 消防应急广播系统的检查、测试方法	1. 确认系统处于正常监视状态	0.3	1.5
				2. 测试消防应急广播系统广播功能	0.3	
				3. 测试消防应急广播系统联动控制功能	0.3	
				4. 系统恢复至初始状态	0.3	
				5. 记录	0.3	

一、操作准备

1. 熟悉火灾自动报警系统、消防应急广播系统。

2. 准备消防应急广播系统图、火灾自动报警系统图、设置火灾自动报警系统的建筑平面图、消防设备联动逻辑说明要求、设备的使用说明书、《建筑消防设施检测记录表》。

二、操作步骤

1. 确认系统处于正常监视状态

接通电源，使火灾自动报警系统处于正常工作状态，且处于自动状态。

2. 测试消防应急广播系统广播功能。

（1）总线自动控制功能测试：消防联动控制设备可通过总线自动启动消防应急广播系统设备进行消防自动广播，设备自动进入应急广播播音方式。

（2）紧急手动控制功能测试：按下应急广播按钮，设备自动进入应急广播方式进行播音。同时还可按下手持话筒按钮，直接进入话筒应急播音。

（3）分配盘的选层广播功能测试：通过手动控制方式应急启动广播，选择两个以上广播分区，使消防应急广播系统进入应急广播状态。

（4）合用广播系统应急强制切换功能测试：将 SD 卡插入卡槽中，按下 MP3 按键，操作放音键即可播放背景音乐。按下应急广播按键，启动应急广播播音模式，播放预录的消防广播音频文件。

3. 测试消防应急广播系统联动控制功能

（1）将联动控制器转为允许状态：通过面板钥匙将火灾自动报警系统联动控制器的手动启动按钮方式操作权限切换至"允许"状态，这时"允许"指示灯常亮。

（2）触发逻辑关系内的探测器：随机触发同一防火分区的任意一个火灾报警探测器、一个手动报警按钮，作为消防联动设备的联动触发信号，消防应急广播系统进入应急广播状态。

（3）查验循环播放时间：同时设置火灾声警报器与消防应急广播时，两者应分时交替循环播放。观察火灾声警报器单次发出火灾警报时间宜为 8~20s，消防应急广播单次语音播放时间宜为 10~30s。

4. 系统恢复至初始状态

测试完毕后，将消防应急广播系统恢复至原状。

5. 记录

规范填写《建筑消防设施检测记录表》。

要点 054 检查、测试消防电话系统功能

职业功能	工作内容	技能要求	相关知识要求	分项考点	分数	总分
5 设施检测	5.3 其他消防设施检测	5.3.3 ★ 能检查消防电话系统各组件的安装质量，测试消防电话系统的通话功能	5.3.3 消防电话系统的检查、测试方法	1. 确认系统处于正常监视状态	0.3	1.5
				2. 测试消防电话总机自检功能	0.3	
				3. 测试消防电话总机录音功能	0.3	
				4. 测试消防电话总机消音功能	0.3	
				5. 测试消防电话总机故障报警功能		
				6. 测试消防电话总机呼群功能	0.3	

一、操作准备

1. 熟悉消防电话系统。

2. 准备消防电话系统图、火灾自动报警系统图、设置火灾自动报警系统的平面建筑图、消防设备联动逻辑说明或设计要求、设备的使用说明书、《建筑消防设施检测记录表》。

二、操作步骤

1. 确认系统处于正常监视状态

接通电源，使消防电话系统处于正常工作状态。

2. 测试消防电话总机自检功能

按下面板测试按钮，消防电话总机自动对消防电话分机、消防电话插孔等各组件进行检查。

3. 测试消防电话总机录音功能

将任一消防电话分机摘机呼叫消防电话总机，总机应能显示消防电话分机的位置，通话时消防总机显示通话时间并自动录音，录音键指示灯常亮。

4. 测试消防电话总机消音功能

使两个消防电话分机呼叫消防电话总机，消防电话总机分别显示呼叫消防电话分机位置和呼叫时间，并发出报警声信号，报警指示灯点亮。按下面板静音键，可消除当前报警声，消音指示灯应点亮。

5. 测试消防电话总机故障报警功能

使消防电话总机与一个消防电话分机或消防电话插孔间连接线断线，消防电话总机显示屏显示故障消防电话分机位置和故障发生时间，故障指示灯点亮。用另一部非故障消防电话分机摘机呼叫消防电话总机，消防电话总机显示屏显示消防电话分机的位置和呼叫时间，通话后自动录音。

6. 测试消防电话总机呼群功能

将消防电话总机与至少两部消防电话分机或消防电话插孔连接，使消防电话总机与所连的消防电话分机或消防电话插孔处于正常监视状态。将一部消防电话分机摘机，将消防电话总机与消防电话分机处于通话状态，消防电话总机自动录音，显示呼叫消防电话分机位置和通话时间。

规范填写《建筑消防设施检测记录表》。

要点 055　检测消防电梯

职业功能	工作内容	技能要求	相关知识要求	分项考点	分数	总分
5 设施检测	5.3 其他消防设施检测	5.3.4 ★ 能检查消防电梯的设置情况，测试消防电梯的控制功能、安全设施、防水措施和运行时间	5.3.4 消防电梯的设置要求和功能测试方法	1. 检查设置情况	0.1	1.5
				2. 启动迫降功能	0.1	
				3. 查验控制室反馈信息	0.1	
				4. 检测轿厢内功能	0.1	
				5. 检测轿厢内通话功能	0.2	
				6. 查验排水设施	0.1	
				7. 查验前室防火门反馈情况	0.2	
				8. 检测前室的照度	0.2	
				9. 测量运行时间	0.1	
				10. 测试消防电梯供配电自动切换功能	0.1	
				11. 系统复位	0.1	
				12. 记录	0.1	

一、操作准备

1. 熟悉消防电梯、火灾自动报警及联动控制系统。

2. 准备螺丝刀等拆装工具，照度计、流量计、钢卷尺、秒表等检测工具。

3. 准备《建筑消防设施检测记录表》等。

二、操作步骤

1. 检查设置情况

检查消防电梯、电梯井、电梯机房和安全设施的设置情况。

2. 启动迫降功能

打开紧急迫降按钮保护罩，启动电梯紧急迫降功能。

3. 查验控制室反馈信息

观察电梯迫降和开门情况，核查消防控制室反馈信息。

4. 检测轿厢内功能

在轿厢内部操作消防电梯到达指定楼层，测试开、关门功能。

5. 检测轿厢内通话功能

使用消防电梯轿厢内专用消防对讲电话与消防控制中心进行不少于两次通话试验，通话应语音清晰。

6. 查验排水设施

测量并核算消防电梯排水井的有效容积，预放一定的水，使用流量计测量排水泵的排水量是否满足标准值。

7. 查验前室防火门反馈情况

手动启闭前室防火门，查看其启闭性能和关闭效果，从消防控制室核查相关信号反馈情况。

8. 检测前室的照度

任选一楼层，关闭或遮挡所有开口部位，启动疏散照明，使用照度计测量地面水平最低照度。

9. 测量运行时间

电梯返回消防员入口层，使用秒表测试电梯入口层直达顶层的运行时间。

10. 测试消防电梯供配电自动切换功能

在正常电源工作状态下测试消防电梯运行情况。

11. 系统复位

恢复主电源供电，复位紧急迫降按钮，并操控电梯返回入口层，使电梯恢复正常服务状态。

12. 记录检查测试情况

规范填写《建筑消防设施检测记录表》。

要点 056 检查、测试消防应急照明和疏散指示系统

职业功能	工作内容	技能要求	相关知识要求	分项考点	分数	总分
5 设施检测	5.3 其他消防设施检测	5.3.5 ★ 能检查消防应急照明和疏散指示系统各组件的安装质量，测试应急照明灯具的照度和应急转换功能、应急转换和持续照明时间	5.3.5 消防应急照明和疏散指示系统的检查、测试方法	1. 确认系统处于正常监视状态	0.3	1.5
				2. 测试应急照明灯具的照度	0.3	
				3. 测试应急照明灯具应急转换功能	0.3	
				4. 测试持续照明时间	0.2	
				5. 测试应急转换时间	0.2	
				6. 记录	0.2	

一、操作准备

1. 熟悉消防应急照明和疏散指示系统、火灾报警控制器、消防联动控制器。

2. 准备照度计、直流电压表、钢卷尺、激光测距仪和秒表等检测器具。

3. 准备消防应急照明和疏散指示系统的系统图及平面布置图、《建筑消防设施检测记录表》。

二、操作步骤

1. 确认系统处于正常监视状态

将应急照明控制器与配接的应急照明配电箱、集中电源、灯具相连接后接通电源，使应急照明控制器处于正常监视状态。

2. 测试应急照明灯具的照度

（1）打开照度计电源，按下 POWER 键即可。

（2）打开照度计光收集器的盖子。

（3）将照度计放在检测位置，显示屏上的显示数据不断变动，当显示数据稳定时，按下 HOLD 键，锁定数据，并将数据记录到检测记录表中。

（4）测量完成后，将光收集器的盖子盖上，按下照度计电源开关键关闭电源。

3. 测试应急照明灯具应急转换功能

（1）手动操作应急照明控制器的强启按钮后，应急照明控制器应发出手动应急启动信号，显示启动时间。

（2）系统内所有的非持续型灯具的光源应应急点亮，持续型灯具的光源应由节电点亮模式转入应急点亮模式。

（3）灯具采用集中电源供电时，应能手动控制集中电源转入蓄电池电源输出；灯具采用自带蓄电池供电时，应能手动控制应急照明配电箱切断电源输出，并控制其所配接的非持续型灯具的光源应急点亮，持续型灯具的光源由节电点亮模式转入应急点亮模式。

4. 测试持续照明时间

（1）切断集中电源：切断应急照明配电箱的主电源，该区域内所有非持续型灯具的光源应应急点亮，持续型灯具的光源由节电点亮模式转入应急点亮模式。

（2）灯具持续点亮时间达到设计文件规定的时间后，集中电源或应急照明配电箱应连锁其配接灯具的光源熄灭。利用秒表记录灯具的持续点亮时间。

5. 测试应急转换时间

（1）在火灾报警控制器上模拟火灾报警信号，应急照明控制器接收到火灾报警控制器发送的火灾报警输出信号后，应发出启动信号，显示启动时间。

（2）系统内所有的非持续型灯具的光源应应急点亮，持续型灯具的光源应由节电点亮模式转入应急点亮模式。高危险场所灯具光源应急点亮的响应时间不应大于 0.25s，其他场所灯具光源应急点亮的响应时间不应大于 5s，具有两种及以上疏散指示方案的场所，标志灯光源点亮、熄灭的响应时间不应大于 5s。

（3）恢复消防电源：集中电源或应急照明配电箱应连锁其配接灯具的光源恢复原工作状态。

6. 记录检查测试情况

规范填写《建筑消防设施检测记录表》。

要点 057 检查、测试防火卷帘

职业功能	工作内容	技能要求	相关知识要求	分项考点	分数	总分
5 设施检测	5.3 其他消防设施检测	5.3.6 ★ 能检查防火门、防火卷帘等防火分隔设施的安装质量，测试防火门、防火卷帘的联动控制、手动控制功能	5.3.6 防火门、防火卷帘等防火分隔设施的检查、测试方法	1. 查验参数	0.2	1.5
				2. 查验消防联动控制器状态	0.2	
				3. 触发联动信号查验反馈信号	0.2	
				4. 复位火灾自动报警系统	0.2	
				5. 消防控制室远程启动	0.2	
				6. 防火卷帘现场启动	0.2	
				7. 检测断电、手动速放装置情况	0.1	
				8. 复位	0.1	
				9. 记录检查测试情况	0.1	

一、操作准备

1. 熟悉防火卷帘门、火灾自动报警及联动控制系统。

2. 准备火灾探测器测试工具、手动火灾报警按钮复位工具及钢卷尺、塞尺、测力计等检查工具。

3. 准备系统设计文件、竣工验收资料和有关产品说明书、《建筑消防设施检测记录表》等。

二、操作步骤

1. 查验参数

对照设计文件及相关产品资料，查看防火卷帘的型号、规格、数量和安装位置，应符合设计要求；目测或使用工具检查防火卷帘的安装情况。

2. 查验消防联动控制器状态

检查确认消防联动控制系统处于"自动允许"或"手动允许"状态。

3. 触发联动信号查验反馈信号

分别采用加烟、加温的方式提供联动触发信号，观察防火卷帘启动和运行情况、防火卷帘控制器有关信息指示变化情况、消防控制室相关控制信号反馈情况等。设在疏散通道处的防火卷帘，还应对其"两步降"情况进行测试。

4. 复位火灾自动报警系统

5. 消防控制室远程启动

消防控制室远程操作防火卷帘下降，观察其受控运行情况。

6. 防火卷帘现场启动

分别使用电控和手动拉链升降卷帘，观察操控性能。

7. 检测断电、手动速放装置情况

分别采用切断卷门机电源和手动速放控制的方式，观察卷帘依靠自重下降情况。

8. 复位

使系统恢复正常运行状态。

9. 记录检查测试情况

规范填写《建筑消防设施检测记录表》。

要点 058　检查、测试防火门

职业功能	工作内容	技能要求	相关知识要求	分项考点	分数	总分
5 设施检测	5.3 其他消防设施检测	5.3.6★能检查防火门、防火卷帘等防火分隔设施的安装质量，测试防火门、防火卷帘的联动控制、手动控制功能	5.3.6 防火门、防火卷帘等防火分隔设施的检查、测试方法	1. 查验参数	0.3	1.5
				2. 查验消防联动控制器状态	0.3	
				3. 测量防火门开启力	0.3	
				4. 触发联动信号查验反馈信号	0.2	
				5. 复位	0.2	
				6. 记录检查测试情况	0.2	

一、操作准备

1. 熟悉防火门系统、火灾自动报警及联动控制系统。

2. 准备火灾探测器测试工具、手动火灾报警按钮复位工具及钢卷尺、塞尺、测力计等检查工具。

3. 准备系统设计文件、竣工验收资料和有关产品说明书、《建筑消防设施检测记录表》等。

二、操作步骤

1. 查验参数

对照设计文件及相关产品资料查看防火门的型号、规格、数量和安装位置，应符合设计要求；目测或使用工具检查防火门的安装情况。

2. 查验消防联动控制器状态

检查确认消防联动控制系统处于"自动允许"或"手动允许"状态。

3. 测量防火门开启力

使用测力计测试防火门的开启力。

4. 触发联动信号查验反馈信号

触发防火分区 2 只独立火灾探测器或 1 只手动火灾报警按钮，观察常开门关闭情况，防火门监控器启动或释放按钮、防火门电磁释放器释放按钮，观察敞开门的释放和关闭情况。

5. 复位

使系统恢复正常运行状态。

6. 记录检查测试情况

规范填写《建筑消防设施检测记录表》。

要点 059 检查、测试消防供水设施

职业功能	工作内容	技能要求	相关知识要求	分项考点	分数	总分
5 设施检测	5.3 其他消防设施检测	5.3.7 ★能检查消防水泵接合器、消防水箱、消防水池、消防增(稳)压设施的安装情况,测试消防水箱、消防水池的供水功能	5.3.7 消防水泵接合器、消防水箱、消防水池和消防增(稳)压设施的检查、测试方法	1. 查验安装情况	0.1	1.5
				2. 查验防护措施	0.1	
				3. 查验组件	0.1	
				4. 检查消防水泵接合主体	0.1	
				5. 消防车打压试验	0.2	
				6. 检查消防水池(水箱)的安装情况	0.1	
				7. 查验组件状态	0.1	
				8. 检查气压罐的安装情况	0.1	
				9. 检查稳压泵的工作情况	0.1	
				10. 测试稳压泵的工作情况	0.2	
				11. 测量静水压力	0.2	
				12. 记录检查测试情况	0.1	

一、操作准备

1. 熟悉消防供水设施。

2. 准备钢卷尺、计时器等检查、测试工具。

3. 准备消防设计文件、产品资料、《建筑消防设施检测记录表》等。

二、操作步骤

1. 查验安装情况

检查消防水泵接合器、消防水池（水箱）、消防稳压设施的安装情况。

2. 查验防护措施

检查消防水泵接合器的设置环境和防护措施，应符合设计安装要求。

3. 查验组件

检查消防水泵接合器管井、止回阀、安全阀、控制阀的安装应牢固，连接严密，无渗漏，止回阀安装方向正确，控制阀启闭灵活，且处于开启状态。地下消防水泵接合器管井的砌筑应有防水和排水设施。

4. 检查消防水泵接合主体

应安装牢固，外观无损伤，铭牌等标志正确、醒目。

5. 消防车打压试验

利用消防车载水泵、消防水泵或手台泵、机动泵等进行消防水泵接合器冲水试验。供水最不利点的压力、流量应符合设计要求。

6. 检查消防水池（水箱）的安装情况

对照设计文件测量、核算有效容积，应符合要求；观察补水措施、防冻措施以及消防用水不作他用的保证措施；检查水箱安装位置及支架或底座安装情况，其尺寸及位置应符合设计要求，埋设平整牢固。

7. 查验组件状态

查看各管路、阀门、就地水位显示装置等的安装情况和阀门启闭状态，应符合要求；查看各连接处的连接方式和连接质量，应牢固、无渗漏；管道穿越楼板或墙体时的保护措施应符合要求；溢流管、泄水管采用间接排水方式，并未与生产或生活用水的排水系统直接相连。

8. 检查气压罐的安装情况

查看气压罐的安装位置和设置环境，应符合要求；观察和测量气压罐的有效容积、调节容积符合设计要求；观察各连接处应严密、无渗漏，管路阀门启闭状态正确；观察气压罐气侧压力符合设计要求；观察和测试气压罐满足稳压泵的启停要求。

9. 检查稳压泵的工作情况

对照设计文件和产品说明，稳压泵的型号、性能等应符合设计要求；稳压泵的安装应牢固，各管件连接严密、无渗漏，管路阀门启闭状态正确。

10. 测试稳压泵的工作情况

观察稳压泵供电应正常，自动、手动启停应正常；关掉主电源，主、备电源能正常切换；测试稳压泵的控制符合设计要求，启停次数 1h 内应不大于 15 次，且交替运行功能正常。

11. 测量静水压力

测试水灭火设施最不利点处的静水压力，应符合设计要求。

12. 记录检查测试情况

规范填写《建筑消防设施检测记录表》。

要点 060　测试消防水池（水箱）的供水能力

职业功能	工作内容	技能要求	相关知识要求	分项考点	分数	总分
5 设施检测	5.3 其他消防设施检测	5.3.7★能检查消防水泵接合器、消防水箱、消防水池、消防增（稳）压设施的安装情况，测试消防水箱、消防水池的供水功能	5.3.7 消防水泵接合器、消防水箱、消防水池和消防增（稳）压设施的检查、测试方法	1. 检查管路阀门状态	0.3	1.5
				2. 检查组件状态	0.3	
				3. 查验储水量	0.3	
				4. 查验补水能力	0.2	
				5. 计算有效供水时间	0.2	
				6. 系统恢复正常运行状态	0.1	
				7. 记录检查测试情况	0.1	

一、操作准备

1. 熟悉消防供水设施。

2. 准备钢卷尺、计时器等检查、测试工具。

3. 准备消防设计文件、产品资料、《建筑消防设施检测记录表》等。

二、操作步骤

1. 检查管路阀门状态

检查确认消防水池（水箱）进、出水管路、补水管路阀门处于开启状态，泄水管路阀门处于关闭状态。

2. 检查组件状态

通过就地水位显示装置查看消防水池（水箱）当前液位。设有玻璃管式、磁翻板式液位计的则应先确认液位计排水阀门处于关闭状态后，打开进水阀门，查看液面稳定后的液位显示。设有压力变送器控制显示装置的则直接读取显示数值。消防水池内壁设有水位刻度标记的则读取当前水位刻度。

3. 查验储水量

结合设计文件中确定的最低有效水位和消防水池（水箱）内部横面积，核算当前有效储水量。就地水位显示装置已做排除最低有效水位处理或直接标志、显示有效储水量（体积）等。

4. 查验补水能力

关闭补水管路阀门，泄放一定的水量后代开补水管路，同时开始计时，补水完成后停止计时。通过补水量和补水用时核算补水能力。

5. 计算有效供水时间

结合设计文件确定的室内消防用水设计流量核算消防水池（水箱）的有效供水时间。

6. 系统恢复正常运行状态

对玻璃管式或磁翻板式液位计，关闭进水阀打开排水阀，将液位计中余水排净后关闭排水阀。

7. 记录检查测试情况

规范填写《建筑消防设施检测记录表》。

要点 061　检查、测试消火栓系统

职业功能	工作内容	技能要求	相关知识要求	分项考点	分数	总分
5 设施检测	5.3 其他消防设施检测	5.3.8 ★ 能检查消火栓系统的安装质量，测试消火栓系统工作压力、消火栓栓口静压和系统联动控制功能	5.3.8 消火栓系统的检查、测试方法	1. 检查消火栓系统的安装质量	0.3	1.5
				2. 测试室内消火栓压力	0.3	
				3. 查验流量开关、低压压力开关性能	0.3	
				4. 手动测试消防水泵	0.2	
				5. 测试室内消火栓系统联动功能	0.2	
				6. 记录检查测试情况	0.2	

一、操作准备

1. 熟悉室内、外消火栓系统，火灾自动报警及联动控制系统。

2. 准备钢卷尺、消火栓试水接头、火灾探测器测试工具、消火栓按钮复位工具等检查测试工具。

3. 准备系统设计文件、施工记录、产品资料、《建筑消防设施检测记录表》等。

二、操作步骤

1. 检查消火栓系统的安装质量

（1）检查室外消火栓系统管网：设置形式、阀门设置和管道材质应符合设计要求。

（2）检查阀门井、地下消火栓井：消火栓前端控制阀应处于开启状态，法兰等连接处无渗漏，井内无积水。

（3）检查室外消火栓：设置位置和防护措施应符合要求，外观完好，安装牢固，出水口高度便于吸水管连接操作。

（4）打开室外消火栓进行放水试验：阀门启闭灵活，水压正常，水质清澈，无锈水和大量沙砾、杂质。

（5）检查室内消火栓系统管网：防腐、防冻措施应符合设计要求，管道标识清晰，连接处应无渗漏，管道阀门启闭状态正常。

（6）检查室内消火栓箱：消火栓类型、设置位置和安装质量应符合要求。

（7）连接水带、水枪进行放水试验：阀门应启闭灵活，水压和水质符合要求。

（8）记录检查情况。

2. 测试室内消火栓压力

（1）检查确认消防泵组电气控制柜处于自动运行模式。

（2）选择最有利点室内消火栓测试压力。

（3）打开消火栓箱门并取出水带，一头与消火栓栓口连接后，沿地面拉直水带，另一头与消火栓试水接头连接。连接时注意保持试水接头压力表正面朝上。

（4）开启消火栓，小幅度开启试水接头，观察有水流出后，关闭试水接头，观察并记录接头压力表指示读数。

（5）缓慢开启试水接头至全开，消防水泵启动并正常运转后，记录接头压力表稳定度数。

（6）测试完毕后，停止水泵，关闭消火栓，卸下试水接头，排除余水后卸下水带。

（7）将水带冲洗干净后置于阴凉干燥处晾干，按原方式放置于消火栓箱内。

（8）使系统恢复正常运行状态。

3. 查验流量开关、低压压力开关性能

设有高位消防水箱出水管流量开关（自重补水管上）或消防水

泵出水干管压力开关的,消防水泵应能在 2min 内自动启动。

4. 手动测试消防水泵

未设高位消防水箱出水管流量开关或消防水泵出水干管压力开关的,应将消防泵组电气控制柜置于手动运行模式,手动启动消防水泵。

5. 测试室内消火栓系统联动功能

(1)检查确认消防泵组电气控制柜处于手动运行模式,消防联动控制处于自动允许状态。

(2)按下任一消火栓按钮,观察火灾自动报警系统相关指(显)示信息。

(3)触发该消火栓按钮所在报警区域内任一只火灾探测器或手动火灾报警按钮,观察火灾自动报警及联动控制系统相关指(显)示信息,核查消防水泵启动信号发出情况。

(4)复位消火栓按钮、手动火灾报警按钮,复位火灾自动报警系统。

(5)将消防泵组电气控制柜恢复为自动运行模式。

6. 记录检查测试情况

规范填写《建筑消防设施检测记录表》。

要点 062 检查、测试防排烟系统

职业功能	工作内容	技能要求	相关知识要求	分项考点	分数	总分
5 设施检测	5.3 其他消防设施检测	5.3.9 ★ 能检查防烟排烟系统各组件的安装质量，测试防烟排烟系统的连锁控制和联动控制功能，测量送风口、排烟阀（口）风速，测量加压送风部位的余压值	5.3.9 防烟排烟系统的检查、测试方法	1. 检查防烟排烟系统的安装质量	0.3	1.5
				2. 测试防烟排烟系统的连锁控制与联动控制功能	0.3	
				3. 测量送风口、排烟阀（口）风速	0.3	
				4. 测量加压送风部位余压值	0.3	
				5. 记录检查测试情况	0.3	

一、操作准备

1. 熟悉防烟排烟系统、火灾自动报警及联动控制系统。

2. 准备钢卷尺、塞尺、风速仪、数字微压计、火灾探测器测试工具、梯具等检查测试工具。

3. 准备系统设计文件、竣工验收材料、有关产品说明书、《建筑消防设施检测记录表》等。

二、操作步骤

1. 检查防烟排烟系统的安装质量

2. 测试防烟排烟系统的连锁控制与联动控制功能

（1）检查确认防烟排烟系统风机控制柜处于自动运行模式，消防控制室联动控制处于"自动允许"状态。

（2）现场手动打开任一常闭加压送风口，观察送风机启动和信号反馈情况。

（3）通过风机控制柜面板手动停止风机运行，分别实施送风口复位、消防控制室复位和控制柜面板复位等防烟系统复位操作（以下简称为复位系统）。

（4）触发任一防火分区楼梯间的全部加压送风机，观察该防火分区内着火层及其相邻上下层前室及合用前室的常闭送风口的动作和信号反馈情况。

（5）复位防烟系统。

（6）现场手动打开任一排烟口，观察排烟风机启动和信号反馈情况。

（7）复位排烟系统。

（8）触发任一防烟分区内的两只独立火灾探测器，观察排烟风机、该防烟分区内全部排烟阀、排烟口、活动挡烟垂壁、自动排烟窗的动作和信号反馈情况，观察通风空调系统的联动关闭情况。

（9）手动关闭排烟防火阀，观察排烟风机关闭情况。

（10）复位排烟系统。

（11）记录检查测试情况。

3. 测量送风口、排烟阀（口）风速

（1）检查确认风机控制柜处于自动运行模式，消防控制室联动控制处于自动允许状态。

（2）触发火灾探测器模拟火灾发生，联动启动风机和风口。

（3）使用风速仪测量风口处风速值并记录。

（4）实际测量：风口风速获取一般采用多点位测量取平均值的

方法，测量时应根据风管横截面几何类型和面积大小，分别采用不同的测点布置方案：

1）风口面积小于 $0.2m^2$ 时，可用 5 个测点。

2）当风口面积大于 $0.3m^2$ 时，对于矩形风口，按风口断面的大小划分成若干个面积相等的矩形，测点布置在每个小矩形的中心，小矩形每边的长度为 200mm 左右；对于圆形风罩，至少取 5 个测点，测点间距不大于 200mm；对于条形风口，在高度方向上至少安排两个测点，沿其长度方向上取 4～6 个测点。

（5）计算风口风速并记录：送风口风速不宜大于 7m/s，排烟口的风速不宜大于 10m/s，且偏差不大于设计值的 10%。

按下式计算风口的平均风速：

$$V_p = (V_1 + V_2 + V_3 + \cdots + V_n) / n$$

式中，V_p 为风口平均速度，m/s；V_1、V_2、$V_3 \cdots V_n$ 为各测点风速，m/s；n 为测点总数。

（6）重复测量和计算其他风口处风速。

（7）复位系统。

（8）记录检查测试情况。

4. 测量加压送风部位余压值

（1）检查确认风机控制柜处于自动运行模式，消防控制室联动控制处于自动允许状态。

（2）选取送风系统末端所对应的送风最不利的三个连续楼层模拟起火层及其上下层，封闭避难层（间）仅需选取本层。触发火灾探测器模拟火灾发生，联动启动送风机和送风口。

（3）使用微压计分别测量前室和楼梯间余压值。

（4）复位系统。

5. 记录检查测试情况

规范填写《建筑消防设施检测记录表》。